计算机专业系列

高等职业教育新工科系列教材

Windows Server 2012 网络服务与管理

主　编　邹臣嵩　段桂芹
副主编　刘　锋　杜粤川

北京师范大学出版集团
BEIJING NORMAL UNIVERSITY PUBLISHING GROUP
北京师范大学出版社

图书在版编目(CIP)数据

Windows Server 2012 网络服务与管理 / 邹臣嵩，段桂芹主编. —北京：北京师范大学出版社，2021.6
（高等职业教育新工科系列教材）
ISBN 978-7-303-26816-0

Ⅰ. ①W… Ⅱ. ①邹… ②段… Ⅲ. ①Windows NT 操作系统—网络服务器—教材 Ⅳ. ①TP316.86

中国版本图书馆 CIP 数据核字(2021)第 024287 号

营销中心电话 010-58802181 58805532
北师大出版社科技与经管分社 www.jswsbook.com
电子信箱 jswsbook@163.com

出版发行：北京师范大学出版社 www.bnupg.com
北京市西城区新街口外大街 12-3 号
邮政编码：100088
印　　刷：天津中印联印务有限公司
经　　销：全国新华书店
开　　本：787 mm×1092 mm 1/16
印　　张：12
字　　数：224 千字
版　　次：2021 年 6 月第 1 版
印　　次：2021 年 6 月第 1 次印刷
定　　价：30.00 元

策划编辑：华　珍　周光明　　责任编辑：华　珍　周光明
美术编辑：李向昕　　装帧设计：李向昕
责任校对：陈　民　　责任印制：赵非非

内容简介

本书共 11 章，从文件系统应用、网络服务与管理两个方面讲述了 Windows Server 2012 网络操作系统中的实用技术，结合虚拟机构建网络环境，详细阐述了基于 Windows 系统平台的典型工程案例的解决方法。

本书突出对职业能力、实践技能的培养，结合作者多年网络管理与实际教学经验进行编写，将典型的网络工程案例转化为教学任务融入教材中，便于教师开展基于工作过程的任务驱动式教学，书中案例演示生动，脉络清晰，图文并茂，便于读者理解与掌握。

本书既可供高职院校计算机及相关专业的师生使用，也可作为网络管理人员的自学参考书。

前 言

Windows Server 2012 是微软面向企业应用推出的新一代服务器操作系统，由于其操作直观、功能强大以及与微软其他服务器软件良好兼容，已成为当前中小企业首选的服务器操作系统。随着企业对“网络工程师”自身素质的要求越来越高，开设相关课程的高职高专院校也越来越重视“网络应用与管理类”课程的教学改革与课程开发，为了满足各院校对此类课程的需要，作者编写了这本理论与实践一体化的任务驱动式教材。

本书具有如下特点。

(1)注重技能培养，将技能培养作为理论教学环节的延伸。本书每章都安排有网络工程案例作为实训项目，这些实训项目以培养学生解决工程中的实际问题为教学目的，使学生不仅能理解并掌握每章的知识要点和相关技能，还能根据网络环境灵活使用，弥补了当前“验证”性质的实践教学在一体化教学中的不足。

(2)可读性、实用性强。根据网络操作系统的学习过程与特点，本书不仅介绍了各种服务的配置和验证过程，还对其在实际工作中的应用价值、注意事项进行了必要提示。

(3)重点突出。针对高职学生的培养目标和学习特点，本书在内容编排上由浅入深，分层、分步骤地介绍相关知识要点。

本书由邹臣嵩、段桂芹任主编，并负责全书的统稿与校对工作。具体编写分工为：第 1、5、8、10 章由广东松山职业技术学院邹臣嵩编写；第 3、6、7、9 章由广东松山职业技术学院段桂芹编写；第 2、4 章由罗定职业技术学院刘锋编写；第 11 章由广东泽诚科技有限公司杜粤川编写。

本书在编写过程中，得到了广东松山职业技术学院、广东泽诚科技有限公司等单位领导和同事的大力支持和关心，在此表示衷心的感谢。

由于编者水平有限，加之时间仓促，书中难免有不妥之处，恳请广大读者批评指正。

编 者

目录

第1章　Windows Server 2012 系统认知

项目任务

某高校机房拥有120台计算机，操作系统为Windows 10，安装有多种专业软件。为保证在新学期该机房既能满足原有专业课程的实验安排，又能为新增课程《Windows Server 2012 网络服务与管理》提供实验场地。那么，假如你作为机房管理人员，该如何解决此问题呢？

项目目标

- 掌握 VMware Workstation Pro 15 与 Windows Server 2012 的安装方法。
- 熟悉 Windows Server 2012 系统环境设置。
- 熟悉 VMware 虚拟机的网络结构，能够根据网络实验环境，为虚拟机配置最为合适的网络环境。

1.1　Windows Server 2012 系统的新特性

1. 业务关键应用与云计算

Windows Server 2012 拥有强劲性能的虚拟化核心，让需要庞大运算能力的企业关键应用(ERP 系统和数据库系统等)也可以实现由物理服务器向虚拟机的迁移。基于 Windows Server 2012 平台的新型 SQL 数据库云服务，将为企业带来更高水平的应用能力；结合云端商业智能与大数据等技术，可充分利用云计算所带来的优势，支持业务的高速发展，培养企业迈向未来的竞争力。

2. 服务器虚拟化

通过 Windows Server 2012 中的 Hyper-V，组织能用简单方式通过虚拟化节约成本，并通过将多个服务器角色作为独立的虚拟机进行整合，优化服务器硬件投资。Windows Server 2012 通过更多功能、更高的扩展性，以及更进一步地内建可靠性机制，进一步扩展了 Hyper-V 的价值。Hyper-V 增加了很多新的功能，可实现扩展的多用户云。存储系统、集群、容错和灾难恢复数据中心之间的虚拟机更容易复制。Windows Server 2012 Hyper-V 支持动态 IT 环境，并能够快速适应不断变化的业务需求和场景。Hyper-V 提供工具以便提高自动化并降低组织基础设施的整体成本。

3. 网络

Windows Server 2012 提供了一系列新的和改进的功能，有助于降低网络复杂度，同时提供更高效、成本更低廉的网络管理机制。

4. 远程访问

Windows Server 2012 提供了多种方法，能提供更高效、更安全的远程访问，可用于访问应用程序、数据，甚至整个桌面环境，完全满足用户与组织的具体需求。

5. 身份与安全性

Windows Server 2012 使得管理员能用更容易的方法配置、管理，并监控用户、资源以及设备，确保获得所需的安全性与访问。

6. 存储与可用性

Windows Server 2012 可以帮助用户在按需提供需求和应对运维负担之间取得平衡，并能控制整体开销。通过多项新功能，该产品可帮助用户在存储成本与容量之间进行权衡。

7. 服务器管理

Windows Server 2012 具有出色的总体拥有成本，并且作为一套集成式平台，它具有全面的多服务器管理能力。Windows Server 2012 在这些主要领域的改进，通过服务器管理工具、Windows PowerShell 3.0 以及 IP 地址管理(IPAM)，改善了多服务器环境的管理工作。

8. Web 与应用平台

Windows Server 2012 具有出色的灵活性，可用于托管基于 Web 的应用，无论应用位于内部或云端，该系统都可为企业与托管供应商提供高级服务器平台，以及灵活、可扩展且具备适应能力的网络环境，创建并管理私有云并运行重要应用。

9. 存储新特性

Windows Server 2012 发布，一些存储相关的功能和特性也随之更新，很多都是与 Hyper-V 安装相关的，很多功能都可以为存储经理人减少预算并提高效率，可能会涉及重复数据删除、iSCSI、存储池及其他功能。

10. 版本信息

Datacenter 与 Standard 版本产品提供相同功能，都能在预处理器加客户端访问许可 CAL 基础上运行。Datacenter 版本产品允许在两个处理器上运行无限虚拟机。Standard 版本产品包括 Windows Server 2012 中的所有功能，不过在每台物理服务器上每个许可只允许运行两台虚拟机。

1.2 在 VMware 中安装 Windows Server 2012

1.2.1 虚拟机与虚拟机软件

VMware Workstation 安装时将自动生成 5 种虚拟设备，分别是 VMnet 0、VMnet 1、VMnet 8、VMware Virtual Ethernet Adapter for VMnet 1、VMware Virtual Ethernet Adapter for VMnet 8。

虚拟机是指在一台物理主机(以下简称主机)上虚拟出来的，具有独立工作能力的“计算机”，该“计算机”是建立在操作系统之上的，它拥有独立的“硬件资源”，由于这些“硬件资源”是虚拟的，因此使用者可以根据实际需要进行增减。

虚拟机必须通过虚拟机软件进行创建，常见的虚拟机软件有 VMware 和 Virtual PC，它们都能在 Windows 系统上虚拟出多个操作系统，如 Linux、OS/2、FreeBSD

等。本书所采用的虚拟机软件为 VMware Workstation Pro 15.1.0 for Windows，使用该软件可以很方便地在一台主机上同时运行多个操作系统来模拟一个真实的网络实验环境。

1. 虚拟机的优点

(1)不会损坏主机的操作系统和软件。虚拟机中的操作系统实际上是由主机上的若干文件构成，用户在虚拟机上的所有操作实际上是对这些文件的操作。

(2)可同时在一台主机上运行多个虚拟机，每个虚拟机都是一个独立的操作系统，就如同网络中的独立主机。

(3)虚拟机软件提供了虚拟网络设备，因此用户可在单机上构建网络实验环境。

(4)用户可以根据需要自行添加或删除“硬件设备”，完成一些在现实网络环境中较难实现的“破坏性”与“危险性”的实验。

(5)“快照管理”功能可以对实验的关键步骤有针对性地存储，对可能出现的误操作提供“后悔”的机会，帮助使用者对易出错的关键环节进行反复验证。

2. 虚拟机的使用注意事项

(1)一台主机所能安装的虚拟机数量取决于主机的硬盘容量。

(2)能同时运行的虚拟机数量取决于主机的硬件配置，同时运行的虚拟机越多，主机的 CPU 和内存等硬件资源消耗也越大，主机与虚拟机的工作速度也会变慢。

3. 虚拟机软件的安装

(1)用户可到 https://my.VMware.com/cn/web/VMware/info/slug/desktop_end_user_computing/VMware_workstation_pro/15_0 注册并下载 VMware Workstation Pro 15.1.0 for Windows，双击安装文件，出现如图 1-1 所示的界面，然后单击【下一步】按钮。

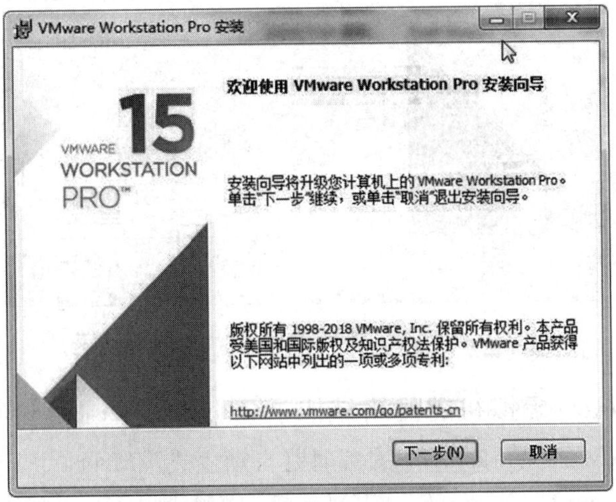

图 1-1　安装 VMware Workstation Pro 15

(2)在“最终用户许可协议”界面，勾选“我接受许可协议中的条款”，然后单击【下一步】按钮，在【自定义安装】中单击【更改】按钮可以修改 VMware 软件的安装位置，再单击【下一步】按钮，进入【用户体验设置】界面，采用默认设置即可，接着单击【下一步】按钮，进入【快捷方式】界面，为便于日后操作，勾选【桌面】和【开始菜单程序文件夹】，如图 1-2 所示。

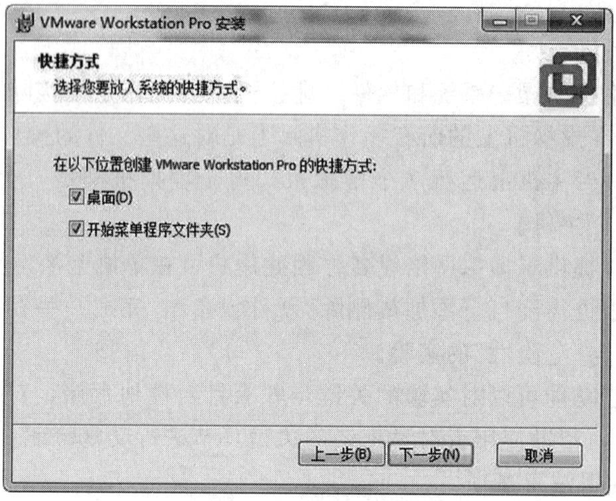

图 1-2　创建快捷方式

(3)单击【下一步】按钮，VMware Workstation Pro 15 开始安装。

(4)单击【完成】按钮，结束 VMware Workstation Pro 15 的安装，如图 1-3 所示。

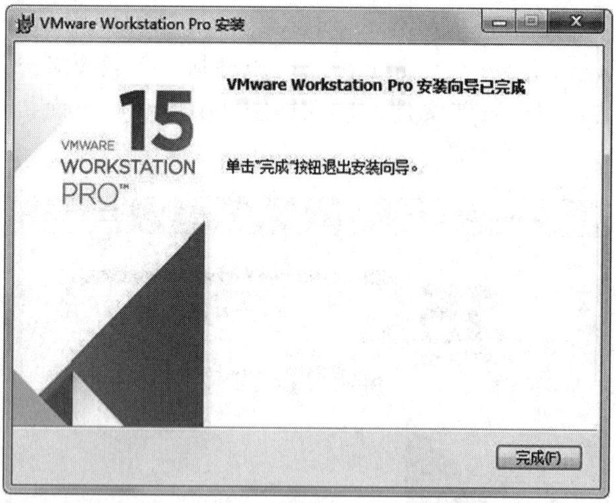

图 1-3　VMware Workstation Pro 15 安装完成

1.2.2　VMware 虚拟机的网络结构

前面讲了，VMware Workstation 安装时将自动生成 VMnet 0、VMnet 1、VMnet 8、VMware Virtual Ethernet Adapter for VMnet 1、VMware Virtual Ethernet Adapter for VMnet 8 共 5 种虚拟设备，用户在网络规划结构时，应对这些设备合理选取，灵活配置。表 1-1 简要地介绍了这些设备的用途。

表 1-1　VMware 中的虚拟设备

序号	虚拟设备名称	类型	用途
1	VMnet 0	虚拟交换机	将虚拟机直接连接至主机所在网络(桥接)
2	VMnet 1	虚拟交换机	将虚拟机与主机所在网络隔绝(Host-only)
3	VMnet 8	虚拟交换机	将虚拟主机间接连接至主机所在网络(NAT)
4	VMware Virtual Ethernet Adapter for VMnet 1	虚拟网卡	用于私有网络
5	VMware Virtual Ethernet Adapter for VMnet 8	虚拟网卡	用于共享主机的 IP 地址

图 1-4 为某实验室的网络拓扑结构图，下面以主机 Host A、Host B、Host C 和虚拟机 Vm 1、Vm 2、Vm 3、Vm 4 为对象，介绍在不同网络模式下主机与虚拟机、虚拟机与虚拟机之间的通信关系。(注：图 1-4 中的虚拟机仅安装一块网卡)

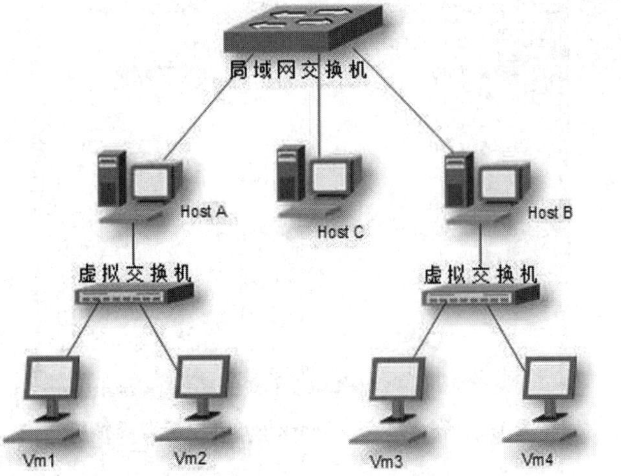

图 1-4　由主机与虚拟机构成的网络拓扑结构

1. Bridge(桥接)模式

如果虚拟机的网卡设置为桥接模式，虚拟机相当于与主机共同连接局域网交换机，此时的虚拟机与主机处于同一网段内，二者地位相同，不存在上下级的服务关系。该模式下应设置虚拟机的网络 ID 与主机的网络 ID 相同，以实现整个局域网内所有计算机的互访。该网络模式适用于“合法”IP 地址较为充裕的网络环境。

2. NAT(网络地址转换)模式

如果虚拟机的网卡设置为 NAT 模式，此时的虚拟机仅与主机的虚拟网卡 VMware Network Adapter For VMnet 8 直接相连，该虚拟网卡同时作为虚拟机的默认网关为虚拟机提供路由选择服务，虚拟机可借助主机的 NAT 服务来访问公网。该网络模式适用于“合法”IP 地址较少，不够分配的网络环境，此时虚拟机的 IP 地址可由 VMware 软件自带的 DHCP 服务器提供，其网络 ID 通常为 192.168.179.0，此外，用户如有需要，可使用 VMware 软件提供的“虚拟网络编辑器”自行修改该模式的网络 ID。在该网络模式下，Vm 1、Vm 2 可以单向访问 Host B、Host C；Host B、Host C 不能访问 Vm 1、Vm 2；Vm 3、Vm 4 可以单向访问 Host A、Host C；Host A、Host C 不能访问 Vm 3、Vm 4；Vm 1、Vm 2 与 Host A，Vm 3、Vm 4 与 Host B 可以互访。

3. Host-only(仅主机)模式

Host-only(仅主机)模式适用于将真实网络环境与虚拟机所在网络环境隔离开的实验场景。在此模式下，主机内部的各虚拟机是可以相互通信的，由于虚拟机和主机网络处于隔离状态，因此 Vm 1、Vm 2 可以互访，Vm 3、Vm 4 可以互访，但 Vm 1 不能与 Vm 3、Vm 4 互访，Vm 2 也不能与 Vm 3、Vm 4 互访。

4. Custom(自定义)模式

Custom(自定义)模式即在上述 3 种模式的基础上自定义网络结构，高级用户可以通过该模式构建相对复杂的网络结构。

1.2.3 安装 Windows Server 2012

(1)在 VMware Workstation 的开始菜单中，单击【文件】→【新建虚拟机】，如图 1-5 所示。

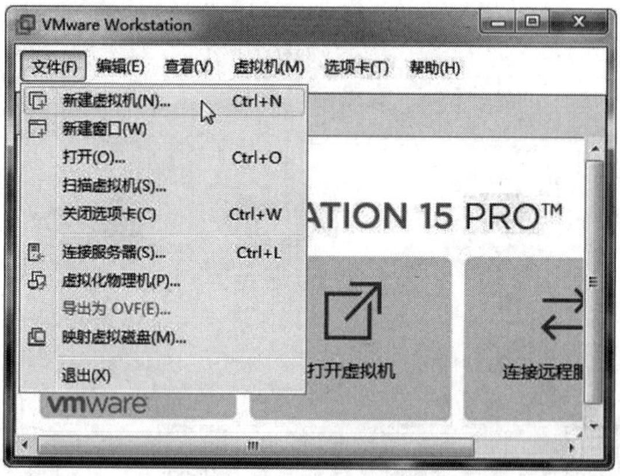

图 1-5 在 VMware Workstation 中新建虚拟机

(2)在【新建虚拟机向导】界面中，选择【典型(推荐)】选项，如图 1-6 所示，再单击【下一步】按钮。

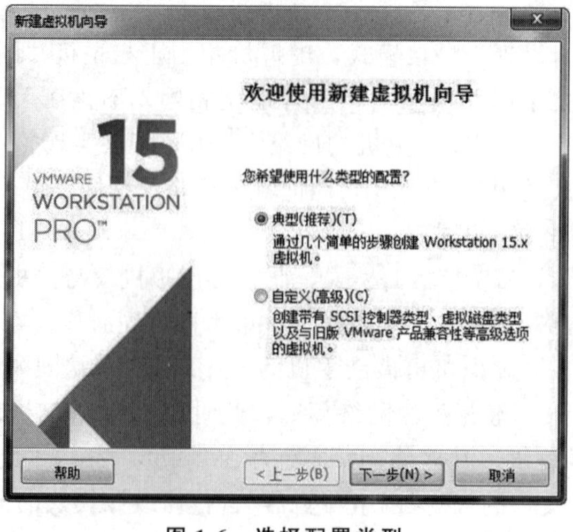

图 1-6 选择配置类型

(3)在【安装客户机操作系统】选项卡中，选择【安装程序光盘映像文件(iso)】，如图 1-7 所示，单击【浏览】按钮，选择 Windows Server 2012 安装光盘(iso 镜像)的位置，单击【下一步】按钮。

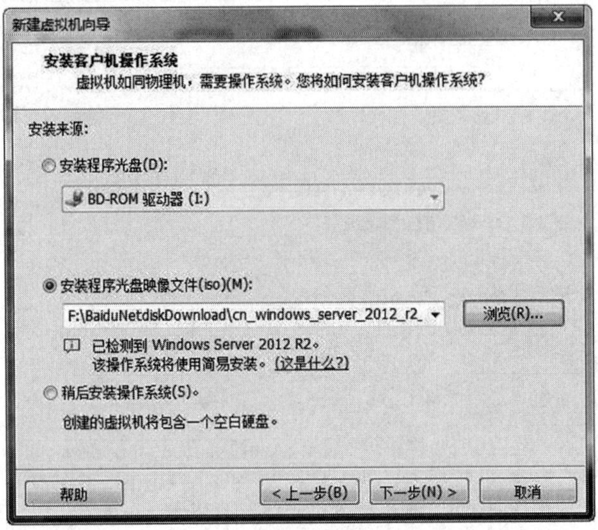

图 1-7　选择操作系统的安装来源

(4)在【简易安装信息】选项卡中，依次输入 Windows 产品密钥，选择 Windows 版本为“Windows Server 2012 R2 Standard”，输入系统登录所需的用户名和密码(密码需要符合一定的复杂度，通常为字母、数字和符号的组合，本例密码为 1qazxsw@)，如图 1-8 所示，单击【下一步】按钮。

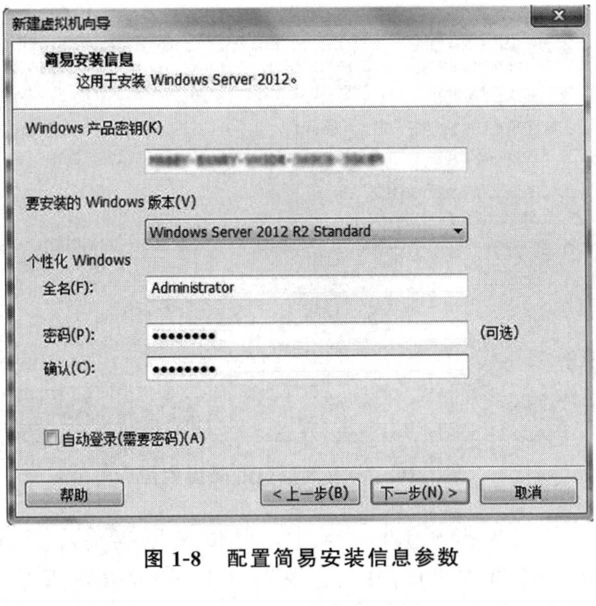

图 1-8　配置简易安装信息参数

(5)在【命名虚拟机】选项卡中，可以自行命名虚拟机名称，如图 1-9 所示，选择虚拟机的安装位置(一般情况下虚拟机的安装位置尽量与宿主操作系统的安装位置不同，如宿主计算机操作系统为 Windows 10，且安装在 C 盘，则虚拟机的安装位置可选择 D 盘、E 盘、F 盘等)，单击【下一步】按钮。

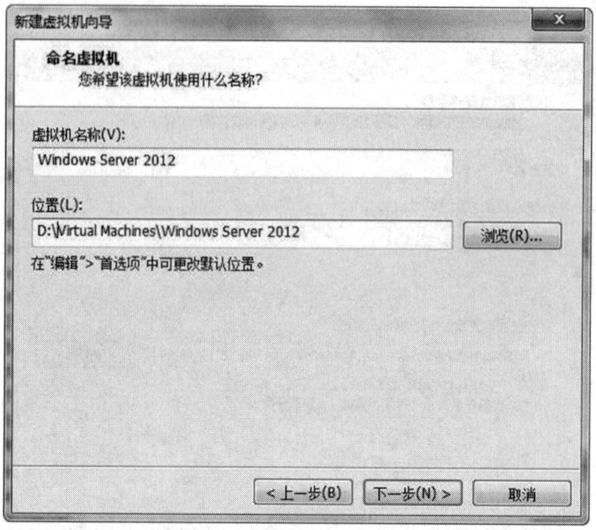

图 1-9　选择虚拟机在硬盘中的安装位置

(6)在【指定磁盘容量】选项卡中，在【最大磁盘大小(GB)】中输入“60”，并勾选【将虚拟磁盘拆分成多个文件】(勾选此项的目的在于可以方便地对虚拟机系统进行复制)，如图 1-10 所示，单击【下一步】按钮。

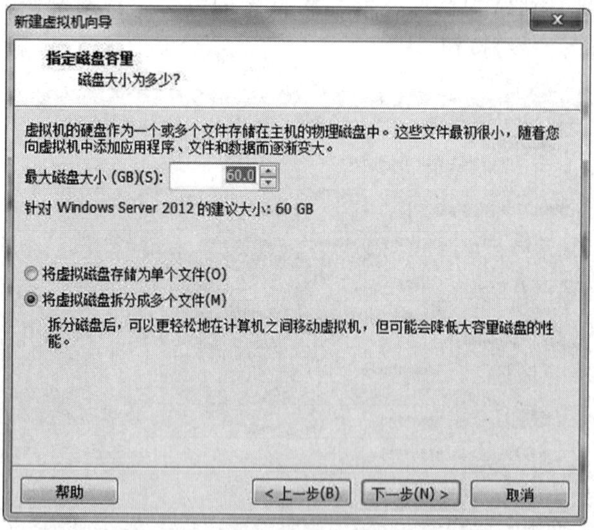

图 1-10　设置虚拟机的磁盘容量

(7)在【已准备好创建虚拟机】选项卡中，可以浏览当前虚拟机的硬件参数，如图 1-11 所示，用户可以根据需要单击【自定义硬件】按钮对硬件设备进行调整，设备调整完毕后，单击【完成】按钮结束虚拟机环境的配置，进入虚拟机操作系统的安装环节。

图 1-11　自定义虚拟机的硬件参数

(8)相比于其他 Windows 服务器操作系统，Windows Server 2012 的安装更加便捷。如图 1-12 所示，在【选择要安装的操作系统】选项卡中，对于初级用户，建议选择第二项“Windows Server 2012 R2 Standard(带有 GUI 的服务器)”，即选择带有图形用户界面的 Windows Server 2012，单击【下一步】按钮。

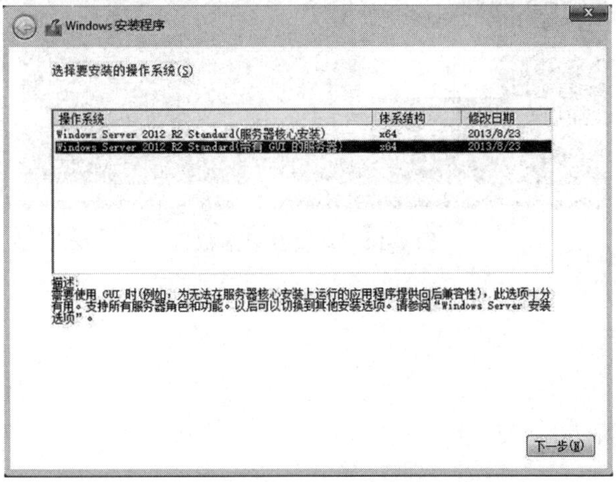

图 1-12　选择带有 GUI(图形用户界面)的操作系统

(9)如图 1-13 所示，操作系统处于安装状态，用户此时仅需等待即可，安装完毕后系统将自动进入开机界面。

(10)如图 1-14 所示，此时需要输入管理员账号 Administrator 的密码[该密码即“(4)简易安装信息”选项卡中设置的密码]，按 Enter 键后进入 Windows Server 2012。至此，虚拟机操作系统的安装全部结束。

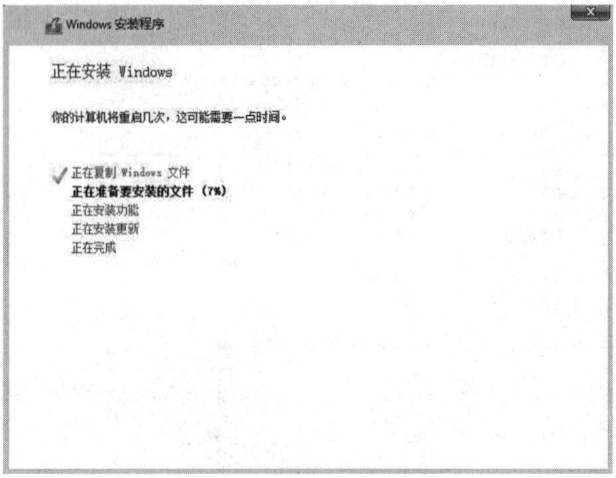

图 1-13　等待安装过程结束

图 1-14　首次登录虚拟机

第2章 本地用户与组的创建和管理

项目任务

安装完成操作系统并完成操作系统的环境配置后，管理员应合理规划一个安全的网络环境，为用户提供有效的资源访问服务。Windows Server 2012 通过创建本地用户和组并设置权限保证使用网络与资源的合法性，以保证数据存储和访问的安全性。

项目目标

- 掌握 Windows Server 2012 创建本地用户和组的方法。
- 熟悉用户属性。

2.1 本地用户的创建和管理

本地用户账户是用来登录到计算机或者访问网络资源的凭证，它是用户在 Windows Server 2012 操作系统中的唯一标识，包括账户名和密码。任何用户要登录 Windows Server 2012 计算机或者网络访问网络资源都必须拥有一个合法的用户账户。

用户账户用来记录用户的用户名、口令、隶属的组、可以访问的网络资源以及用户的个人文件和设置。每个用户都应在域控制器中有一个用户账户，才能访问服务器，使用网络资源。

2.1.1 用户账户简介

用户账户是计算机的基本安全组件，计算机通过用户账户来辨别用户身份，让有使用权限的人登录计算机，访问本地计算机资源或从网络访问这台计算机的共享资源。不同用户拥有不同的权限，可以让用户执行不同的计算机管理任务。所以每台运行 Windows Server 2012 的计算机，都需要用户账户才能登录计算机。在登录过程中，当计算机验证用户输入的账户和密码与本地安全数据库中的用户信息一致时，才能让用户登录到本地计算机或从网络上获取对资源的访问权限。

Windows Server 2012 支持本地账户和域账户两种用户账户。本地账户只能登录一台指定的计算机并访问资源；域账户则可以登录域中任何一台计算机，访问其网络的权限。

2.1.2 默认本地用户账户

本地用户账户仅允许用户登录并访问创建该账户的计算机。当创建本地用户账户时，Windows Server 2012 仅在%Systemroot% \ system32 \ config 文件夹下的数据库中可见该账户，例如 C:\Windows\System32\config\SAM。

Windows Server 2012 默认只有 Administrator 账户和 Guest 账户。Administrator

账户可以执行计算机管理的所有操作；Guest 账户是为临时访问用户而设置的，默认是禁用的。

下面对系统内置账户进行介绍。

1. Administrator 账户

使用内置 Administrator 账户可以对整台计算机或域配置进行管理，例如创建修改用户账户和组、管理安全策略，分配允许用户访问资源的权限等。作为管理员，应该创建一个普通用户账户，在执行非管理任务时使用该用户账户，仅仅在执行管理员任务时才使用 Administrator 账户。Administrator 账户可以更改名称，但不可以删除。

2. Guest 账户

一般的临时用户可以使用 Guest 账户进行登录并访问资源。为保证系统的安全，Guest 账户默认是禁用的，但若安全性要求不高，可以使用。

2.1.3 规划本地用户账户

1. 用户名命名规则

(1)账户名必须唯一：本地账户必须在本地计算机上唯一。

(2)账户名不能包含以下字符：<、>、”、+、*、;、?、[、]、:、|、/、\、=、,、。

(3)账户名最长不能超过 20 个字符。

2. 用户密码命名规制

(1)一定要给 Administrator 账户指定一个密码，以防止别人随便使用该账户。

(2)密码不能太简单，应不易让别人猜测到。

(3)密码应由大小写字母、数字以及合法的非字母数字的字符混合组成，例如 W&92#n。

(4)密码最多由 128 个字符组成，推荐最少长度为 8 个字符。

(5)确定是管理员还是用户拥有密码的控制权。用户可以给每个用户账户指定一个唯一的密码，并防止其他用户对其进行更改，也可以允许用户在第一次登录时输入自己的密码。一般情况下，用户应该可以控制自己的密码。

2.1.4 实例演示

1. 创建本地用户账户

用户可以用【计算机管理】中的【本地用户和组】创建本地用户账户，并且用户必须是管理员权限。具体操作步骤如下。

(1)鼠标右键单击 Windows 左下角徽标 ，在弹出的快捷菜单中选择【计算机管理】项，如图 2-1 所示。

(2)在【计算机管理】对话框中，双击【本地用户和组】展开下拉选项，选择【用户】并右键单击，在弹出的快捷菜单中选择【新用户】，如图 2-2 所示。

(3)在【新用户】对话框中，输入用户名、全名、描述和密码，如图 2-3 所示，输入完成后单击【创建】按钮，成功创建 kc01 用户，如图 2-4 所示。

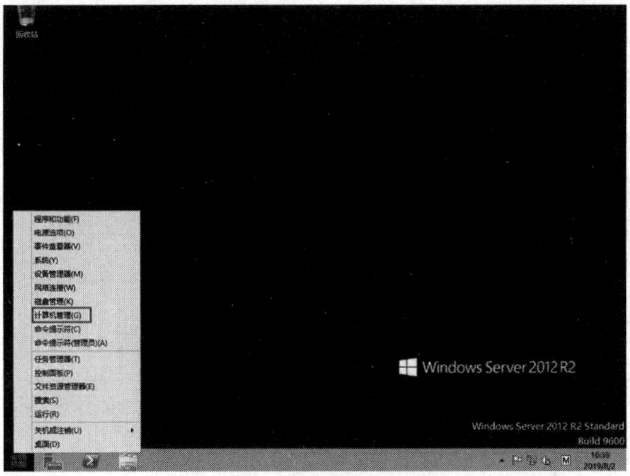

图 2-1 【计算机管理】对话框

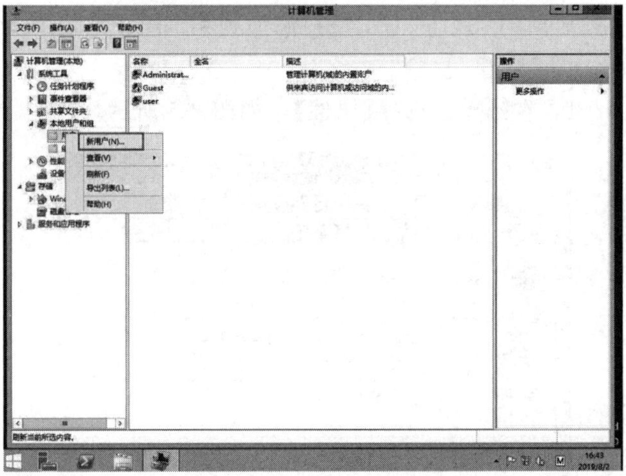

图 2-2 创建新用户

图 2-3 【新用户】对话框

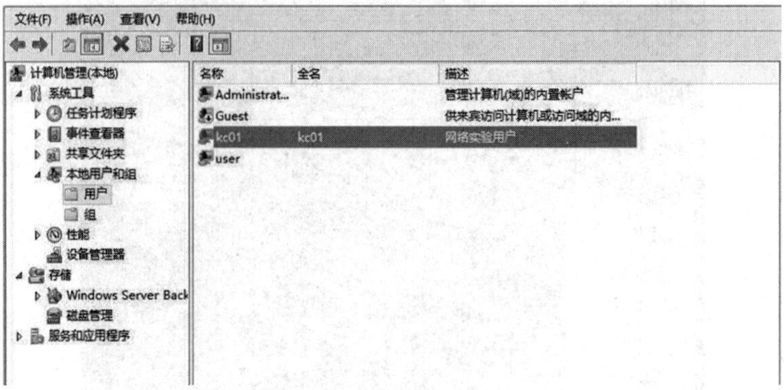

图 2-4 新用户 kc01

2. 将本地用户账户添加到某个组中

为了管理及使用方便，一个用户包含一些属性，例如【常规】选项卡、【隶属于】选项卡、【配置文件】选项卡等。现将 kc01 账户添加到某个组中，kc01 账户就具备该用户组的权限，具体操作步骤如下。

(1)选择用户 kc01，右键单击选择【属性】，如图 2-5 所示。

图 2-5 【kc01 属性】对话框

(2)选择【隶属于】选项卡，如图 2-6 所示。

(3)单击【添加】按钮，在【输入对象名称来选择】对话框中直接输入组侧名称【Administrators】并单击【检查名称】按钮检查名称是否正确，如图 2-7 所示。

图 2-6 【隶属于】选项卡

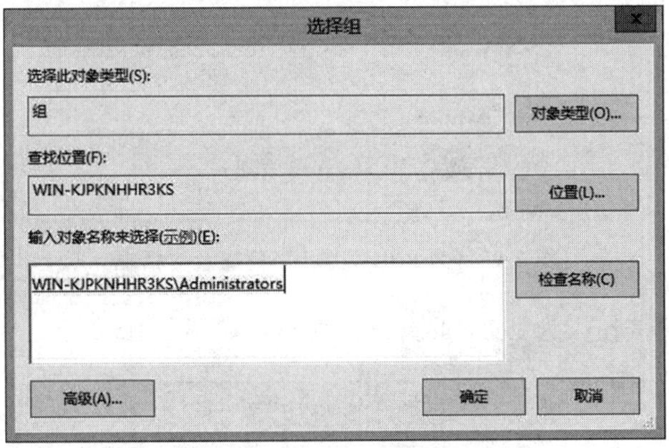

图 2-7 【选择组】对话框

(4)在【选择组】窗口中单击【确定】按钮，并在【kc01 属性】窗口中单击【确定】完成组的添加，kc01 用户就属于 Administrators 组了。

3. 重设本地用户账户密码

如果在新建本地用户的时候，设置密码过于简单，很容易被其他人破解，为了安全性，应及时更改密码，具体操作步骤如下。

(1)选择用户 kc01，右键单击选择【设置密码】，如图 2-8 所示。

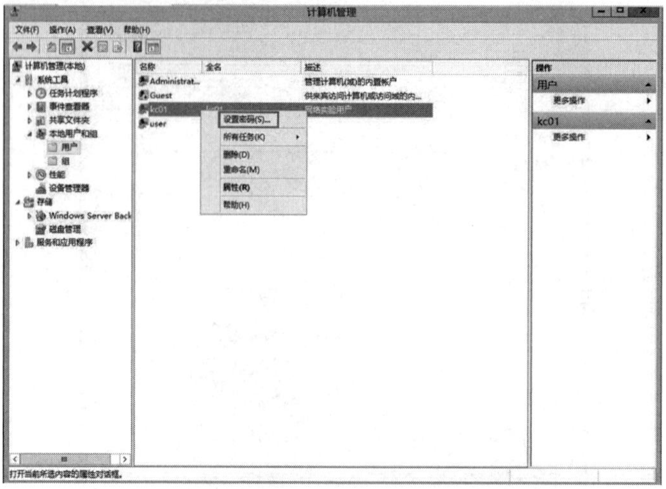

图 2-8　为 kc01 用户设置密码

(2)弹出提示窗口，如图 2-9 所示。

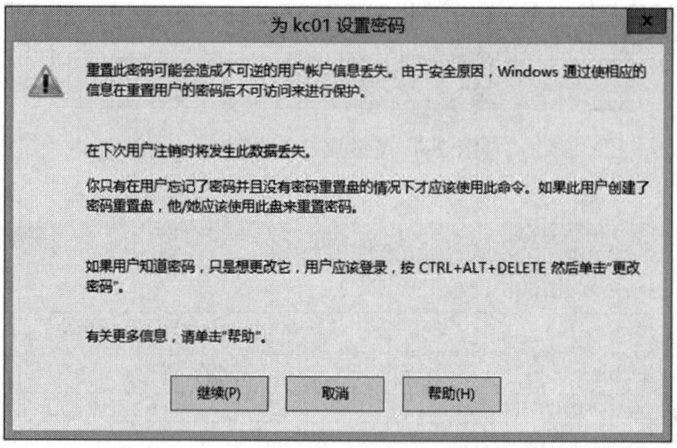

图 2-9　【为 kc01 设置密码】提示对话框

(3)单击【继续】按钮，为 kc01 重新设置密码，如图 2-10 所示。

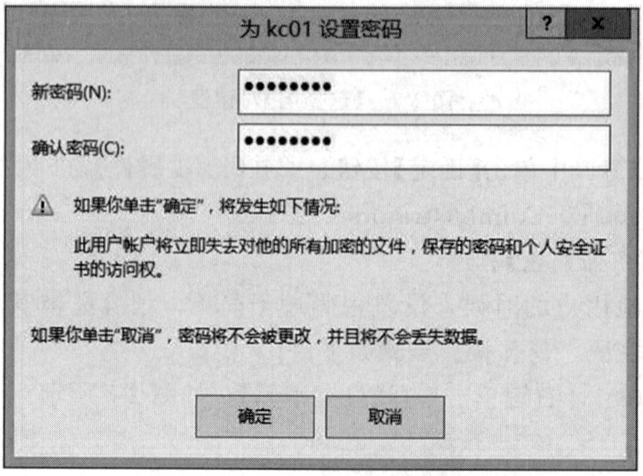

图 2-10　为 kc01 重新设置密码

(4)单击【确定】按钮，即重新设置本地用户账户密码完成。

4. 禁用或启用本地用户账户

对于不在某部门或者某实验室人员，对其账户禁用，具体操作步骤如下。

(1)选择用户 kc01，右键单击选择【属性】，单击【常规】，把【账户已禁用】复选框选中，如图 2-11 所示。

图 2-11 【kc01 属性】对话框

(3)单击【确定】按钮，用户 kc01 已禁用。

如果某部门或者某实验室新进员工想再次启用用户 kc01，只需将【账户已禁用】复选框取消选中即可。

5. 删除本地用户账户

当某个用户账户不再使用时，可以将其删除。删除用户账户会导致与该账户有关的所有信息遗失，所以在删除之前，最好确认其必要性或者考虑用其他的方法，如禁止该账户。

选择用户 kc01，右键单击选择【删除】，可以执行删除功能，如图 2-12 所示。(注意：系统内置账户如 Administrator 账户、Guest 账户等无法删除)

6. 重命名本地用户账户

选择用户 kc01，右键单击选择【重命名】，可以执行更改账户名功能，如图 2-13 所示。

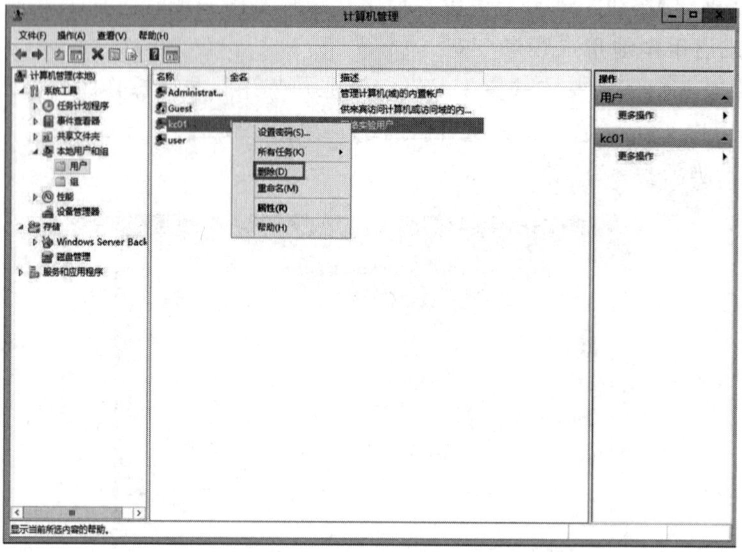

图 2-12　删除 kc01 账户

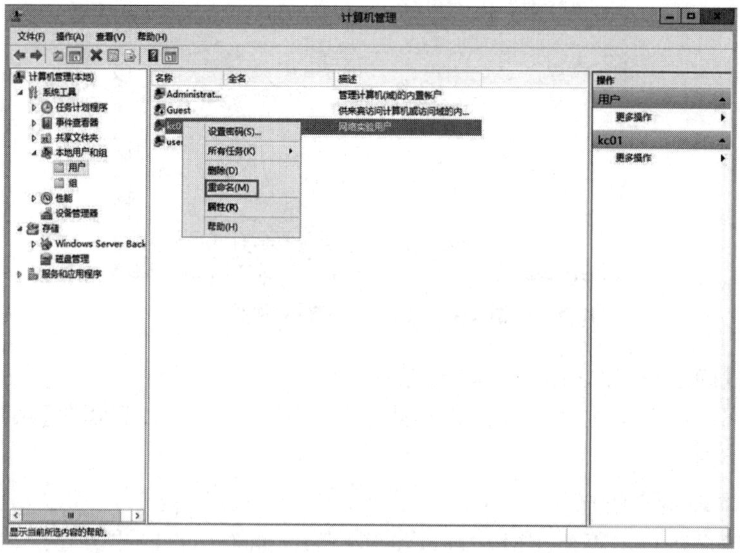

图 2-13　对 kc01 账户重命名

7. 以管理员身份运行程序

在 Windows Server 2012 操作系统中以管理员身份运行程序时，具体操作步骤如下。

(1)以安装【BaiduYunGuangjia】软件为例，在【BaiduYunGuangjia】应用程序右键单击选择【属性】，单击【兼容性】，将【以管理员身份运行此程序】复选框选中，如图 2-14 所示。

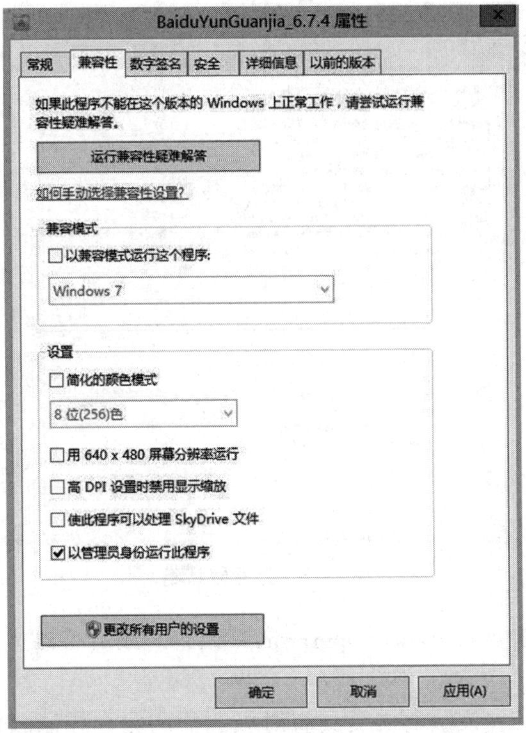

图 2-14 【请以管理员身份运行该程序】对话框

(2)单击【确定】按钮。

(3)双击运行【BaiduYunGuangjia】程序，此时就是以管理员身份运行的。

2.2 本地组账户的建立和管理

对本地用户账户进行分组管理可以更加有效并灵活地进行权限的分配设置，以方便管理员对 Windows Server 2012 的具体管理。

2.2.1 组账户简介

组账户是计算机的基本安全组件，是用户账户的集合。组账户并不能用于登录计算机，但可以用于组织用户账户。通过使用组，管理员可以同时向一组用户分配权限，故可简化对用户账户的管理。例如：在网络协议实验室，教师机为组，学生机为用户，当设置用户的权限时，就可以将一些用户归属于一个组中，只要是这个组所拥有的权限，那么这组内所有的用户也就具有该权限。

2.2.2 默认本地组账户

在【计算机管理】对话框中【本地用户和组】下的【组】文件夹下查看默认组，如图 2-15 所示。

图 2-15　查看默认组

(1)Access Control Assistance Operators：该组的成员可以远程查询此计算机上资源的授权属性和权限。

(2)Administrators：该组的成员具有对服务器的完全控制权限，并且可以根据需要向用户指派用户权利和权限。默认成员有 Administrator 账户。

(3)Backup Operators：该组的成员可以备份和还原服务器上的文件，而不考虑保护这些文件的安全设置。这是因为执行备份的权限优先于所有文件的使用权限，但是不能更改文件的安全设置。

(4)Certificate Service DOCM Access：允许该组的成员连接到企业中的证书颁发机构。

(5)Cryptographic Operators：授权成员执行加密操作。

(6)Distributed COM Users：成员允许启动、激活和使用此计算机上的分布式 COM 对象。

(7)Event Log Readers：该组的成员可以从本地计算机中读取事件日志。

(8)Guests：该组成员拥有一个在登录时创建的临时配置文件，在注销时，该配置文件将被删除。

(9)Hyper-V Administrators：此组的成员拥有对 Hyper-V 所有功能的完全且不受限制的访问权限。

(10)IIS _ IUSRS：Internet 信息服务使用的内置组。

(11)Network Configuration Operators：此组中的成员有部分管理权限来管理网络功能的配置。

(12)Performance Log Users：该组中的成员可以计划进行性能计数器日志记录，启用跟踪提供程序，以及在本地或通过远程访问此计算机来收集事件跟踪。

(13)Performance Monitor Users：此组的成员可以从本地和远程访问性能计数器数据。

(14)Power Users：包括高级用户以向下兼容，高级用户拥有有限的管理权限。

(15)Print Operators：成员可以管理域打印机。

(16)RDS Endpoint Servers：此组中的服务器运行虚拟机和主机会话，用户 RemoteApp 程序和个人虚拟桌面将在这些虚拟机和会话中运行。需要将此组填充到运行 RD 连接代理的服务器上。在部署中使用的 RD 会话主机服务器和 RD 虚拟化主机服务器需要位于此组中。

(17)RDS Management Servers：此组中的服务器可以在运行远程桌面服务的服务器上执行例程管理操作。需要将此组填充到远程桌面服务部署中的所有服务器上。必须将运行 RDS 中心管理服务的服务器包括到此组中。

(18)RDS Remote Access Servers：此组中的服务器使 RemoteApp 程序和个人虚拟桌面用户能够访问这些资源。在面向 Internet 的部署中，这些服务器通常部署在边缘网络中。需要将此组填充到运行 RD 连接代理的服务器上。在部署中使用的 RD 网关服务器和 RD Web 访问服务器需要位于此组中。

(19)Remote Desktop Users：此组中的成员被授予远程登录的权限。

(20)Remote Management Users：此组的成员可以通过管理协议(如通过 Windows 远程管理服务实现的 WS-Management)访问 WMI 资源。这仅适用于授予用户访问权限的 WMI 命名空间。

(21)Replicator：支持域中的文件复制。

(22)Users：防止用户进行有意或无意的系统范围的更改，但是可以运行大部分应用程序。

(23)WinRMRemoteWMIUsers _ _：本组成员可以通过管理协议访问 WMI 资源(如通过 Windows 远程管理服务进行访问)。该应用仅适用于授权用户访问 WMI 空间。

2.2.3 实例演示

1. 创建本地组账户

用户可以在【计算机管理】对话框中的【本地用户和组】下创建本地组账户并且用户必须是 Administrators 组或者 Account Operators。具体操作步骤如下。

(1)鼠标右键单击 Windows 左下角徽标，在弹出的快捷菜单中选择【计算机管理】项，打开【计算机管理】对话框。

(2)在【计算机管理】对话框中，双击【本地用户和组】进行展开，选中【组】并单击鼠标右键，在弹出的快捷菜单中选择【新建组】，如图 2-16 所示。

(3)在【新建组】对话框中输入组名、描述和成员，如图 2-17 所示，输入完成后单击【创建】，成功创建【teacher】组，如图 2-18 所示。

图 2-16　创建【新建组】

图 2-17　【新建组】对话框

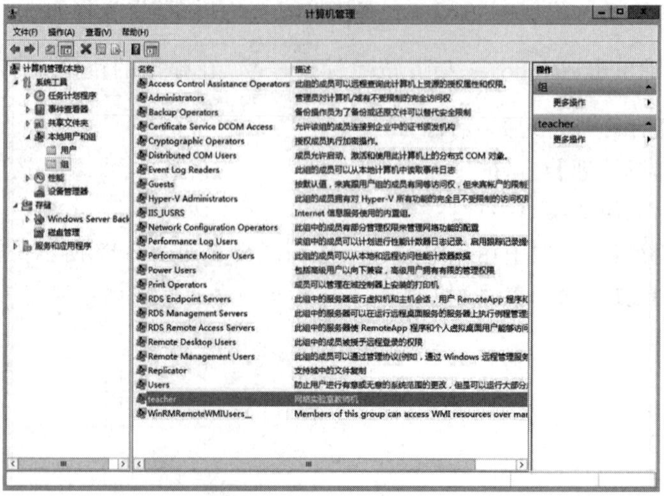

图 2-18　【teacher】组

2. 为添加成员到本地组

将成员添加到本地组中，具体操作步骤如下。

(1)选择【teacher】组，右键单击选择【属性】，如图 2-19 所示。

图 2-19 【teacher 属性】对话框

(2)单击【添加】按钮，出现选择用户对话框，单击【高级】按钮，再单击【立即查找】按钮，选择用户，单击【确定】按钮，如图 2-20 所示。

图 2-20 组成员添加对话框

(3)单击【确定】按钮，完成组成员的添加。

3. 删除本地组账户

当不再需要使用某个本地组账户时，可以将其删除。每个组除组名外还有一个唯一标识符，删除组时也会删除该标识符，并且不能还原，即使你创建一个相同组名的新账户也是如此。这样可能导致已经删除的组中成员无法访问其当前拥有访问权限的资源。

选择【teacher】组，右键单击选择【删除】，可以执行删除功能，如图 2-21 所示。

图 2-21　删除【teacher】组

4. 重命名本地组账户

选择【teacher】组，右键单击选择【重命名】，可以执行更改本地组账户名功能，如图 2-22 所示。

图 2-22　重命名【teacher】组

2.3 实训扩展：利用脚本管理本地账户

用管理员权限打开命令提示符：【开始】→右键单击【Windows PowerShell】→【以管理员身份运行】。

(1)使用命令行方式创建一个新用户，命令格式如下：

net user *username password*/add

例如，建立一个名为 kc02，密码为 1234Z@6789 的用户，命令如下：

net user kc02 1234Z@6789/add

(2)使用命令行方式查看用户，命令格式如下：

net user *username*

例如，查看用户名为 kc02 的用户，命令如下：

net user kc02

(3)使用命令行方式修改用户密码，命令格式如下：

net user *username password*

例如，将用户名为 kc02 的密码修改为 1234R@6789，命令如下：

net user kc02 1234R@6789

(4)使用命令行方式禁止用户，命令格式如下：

net user *username*/active：no

例如，将用户名为 kc02 的用户禁止，命令如下：

net user kc02/active：no

(5)使用命令行方式启用用户，命令格式如下：

net user *username*/active：yes

例如，将用户名为 kc02 的用户启用，命令如下：

net user kc02/active：yes

(6)使用命令行方式创建一个组，命令格式如下：

net localgroup *groupname*/add

例如，建立一个组名为 teacher01 的组，命令如下：

net localgroup teacher01/add

(7)使用命令行方式将用户添加一个组中，命令格式如下：

net localgroup *groupname username*/add

例如，将用户 kc02 添加到 teacher01 组中，命令如下：

net localgroup teacher01 kc02/add

(8)使用命令行方式删除用户，命令格式如下：

net user *username*/delete

例如，删除用户名为 kc02 的用户，命令如下：

net user kc02/delete

第 3 章　文件系统与共享服务

项目任务

NTFS 文件系统是 Windows Server 2012 最核心的文件系统，它可以设置安全权限、标准 NTFS 权限和特殊访问权限，查看有效权限，更改文件夹的所有权，对文件和文件夹进行压缩和加密以及设置磁盘配额等。

网络最主要的功能就是共享资源，共享文件夹是网络资源共享的一种主要方式，也是其他一些资源共享方式的基础。为了满足网络访问的目标，必须对共享资源进行管理与设置。通过文件共享向导和计算机管理器共享文件夹，在客户端计算机上访问共享文件夹、监视共享文件夹。

项目目标

- 熟悉 NTFS 权限管理。
- 熟悉 EFS 加密与压缩。
- 熟悉磁盘配额方法。
- 掌握共享文件夹的创建和访问。
- 能够通过配置文件权限实现文件按需共享。

3.1　NTFS 权限

网络中最重要的是安全，安全中最重要的是权限。在网络中，网络管理员首先面对的是权限，日常解决的问题也是权限问题，最终出现的漏洞还是由于权限设置。权限决定用户可以访问的数据、资源，也决定用户享受的服务，甚至决定用户拥有什么样的桌面。理解 NTFS 对于高效地在 Windows Server 2012 中实现权限功能来说是非常重要的。

3.1.1　NTFS 权限简介

1. 访问控制概述

利用 NTFS 权限，可以控制用户账号和组对文件夹和个别文件的访问。为了保护 NTFS 磁盘分区上的文件和文件夹，需要对访问资源的每一个用户账号授予 NTFS 权限。用户必须获得明确的授权才能访问资源。用户账号如果没有被组授予权限，它就不能访问相应的文件或者文件夹。不管用户是访问文件还是访问文件夹，也不管这些文件或文件夹是在计算机上，还是在网络上，NTFS 的安全性功能都有效。

对于 NTFS 磁盘分区上的每一个文件和文件夹，NTFS 都存储一个远程访问控制列表(ACL)。ACL 中包含被授权访问该文件或文件夹的所有用户账号、组和计算机，也包含他们被授予的访问类型。为了让用户访问某个文件或者文件夹，针对用户账号、组或者该用户所属的计算机，ACL 中必须包含一个相对应的元素，这样的元素叫作访问控制元素(ACE)。为了让用户能够访问文件或者文件夹，方法控制元素必须具有用户所请求的访问类型。如果 ACL 中没有相对应的 ACE 存在，Windows Server 2012 就拒绝该用户访问相应的资源。

2. NTFS 权限的类型

NTFS 权限只适合于 NTFS 磁盘分区，不能用于由 FAT 或者 FAT32 文件系统格式化的磁盘分区。可以利用 NTFS 权限指定哪些用户、组和计算机能够访问文件和文件夹。NTFS 权限也指明了哪些用户、组和计算机能够操作文件或者文件夹中的内容。

(1)NTFS 文件夹权限。可以通过授予文件夹权限，来控制对文件夹和包含在这些文件夹中的文件和子文件夹的访问。表 3-1 列出了可以授予的标准 NTFS 文件夹权限和各个权限提供的访问类型。

表 3-1　标准 NTFS 文件夹权限

NTFS 文件夹权限	允许访问类型
完全控制	改变权限，成为拥有人，删除子文件夹和文件，以及执行允许所有其他 NTFS 文件夹权限进行的动作
修改	删除文件夹，执行【写入】权限和【读取和执行】权限的动作
读取和执行	遍历文件夹，执行允许【读取】权限和【列出文件夹内容】权限的动作
列出文件夹目录	查看文件夹中的文件和子文件夹的名称
读取	查看文件夹中的文件和子文件夹，查看文件夹属性、拥有人和权限
写入	在文件夹内创建新的文件和子文件夹，修改文件夹属性，查看文件夹的拥有人和权限
特殊权限	其他不常用的权限，例如删除权限的权限

(2)NTFS 文件权限。可以通过授予文件权限，控制对文件的访问。表 3-2 列出了可以授予的标准 NTFS 文件的权限和各个权限提供的访问类型。

表 3-2　标准 NTFS 文件权限

NTFS 文件权限	允许访问类型
完全控制	改变权限，成为拥有人，执行允许所有其他 NTFS 文件权限进行的动作
修改	删除文件，执行【写入】权限和【读取和执行】权限的动作
读取和执行	运行应用程序，执行允许【读取】权限的动作
读取	读文件，查看文件属性、拥有人和权限
写入	覆盖写入文件，修改文件属性，查看文件的拥有人和权限
特殊权限	其他不常用的权限，例如删除权限的权限

3. 多重 NTFS 权限

如果将针对某个文件或者文件夹的权限授予了个别用户账号，又授予了某个组，而该用户是该组的一个成员，那么该用户就对同样的资源有了多个权限。关于 NTFS 如何组合多个权限，存在一些规则和优先权。除此之外，在复制或者移动文件和文件夹时，对权限也会有影响。

(1)权限是累积的。一个用户对某个资源的有效权限是授予这一用户账号的 NTFS 权限与授予该用户所属组的 NTFS 权限的组合。例如：如果用户 kc01 对文件夹 Folder 有【读取】权限，且用户 kc01 是 teacher 组的成员，而 teacher 组对文件夹 Folder 有【写入】权限，那么用户 kc01 对文件夹 Folder 就有【读取】和【写入】两种权限。

(2)文件权限超越文件夹权限。NTFS 的文件权限超越 NTFS 的文件夹权限。例如：如果某个用户对某个文件有【修改】权限，那么即使该用户对于包含该文件的文件夹只有【读取】权限，他仍然能够修改该文件。

(3)拒绝权限超越其他权限。当要拒绝某个用户账号或者组对特定文件或者文件夹的访问时，将【拒绝】权限授予该用户账号或者组即可。这样，即使某个用户作为某个组的成员具有访问该文件或文件夹的权限，但是因为将【拒绝】权限授予了该用户，所以该用户具有的任何其他权限也被阻止了。因此，对于全新的累积规则来说，【拒绝】权限是一个例外，应该避免使用【拒绝】权限，因为允许用户和组进行某种访问比明确拒绝他们进行某种访问更容易做到。还应该巧妙地构造组和组织文件夹中的资源，使各种各样的“允许”权限就足以满足需要，从而可避免使用【拒绝】权限。例如：用户 kcit001 同时属于 teacher 组和 users 组，文件 file1 和 file2 是文件夹 Folder 下面的两个文件。其中用户 kcit001 拥有对文件夹 Folder 的【读取】权限，teacher 组拥有对文件夹 Folder 的【读取】和【写入】权限，users 组则被禁止对文件 file2 的【写入】操作。由于使用了【拒绝】权限，用户 kcit001 拥有对文件夹 Folder 和文件 file1 的【读取】和【写入】权限，但对文件 file2 只有【读取】权限。

3.1.2 NTFS 权限设置与管理

在 NTFS 磁盘中，系统会自动设置默认的权限值，并且这些权限会被其子文件夹和文件所继承。为了控制用户对某个文件夹以及该文件夹中的文件和子文件的访问，需要指定文件夹权限。

1. 将 FAT32 文件系统转换为 NTFS

如果计算机上没有一个 NTFS 的磁盘分区，不要在“磁盘管理”中格式化，因为这种操作会造成数据丢失。可以在命令行窗口利用 convert 命令，将现有 FAT32 磁盘分区转换为 NTFS 分区。如果要转化的磁盘分区中没有系统文件，马上执行转换；如果要转换的磁盘分区中有系统文件，则系统会提示转换不立即执行，在下一次重新启动操作系统时会自动执行转换。转换的操作如下。

(1)单击左下角徽标，选中并右键单击【Windows PowerShell】，再选择【以管理员身份运行】，最后显示窗口如图 3-1 所示。

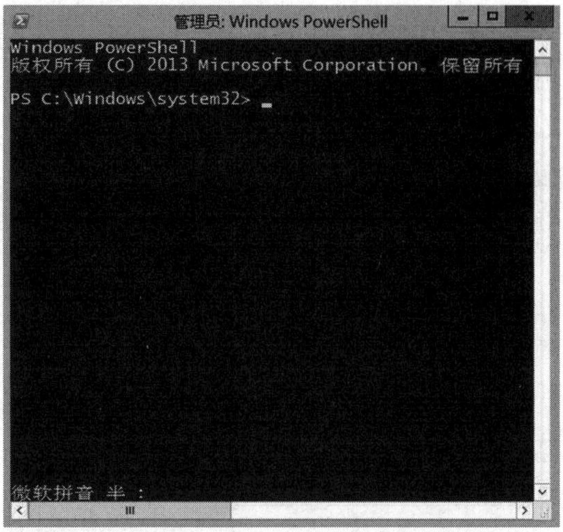

图 3-1 【命令提示符】对话框

(2)输入命令 convert c:/fs:ntfs/v，按 Enter 键即可将 FAT32 磁盘分区转换为 NTFS 分区，如图 3-2 所示。

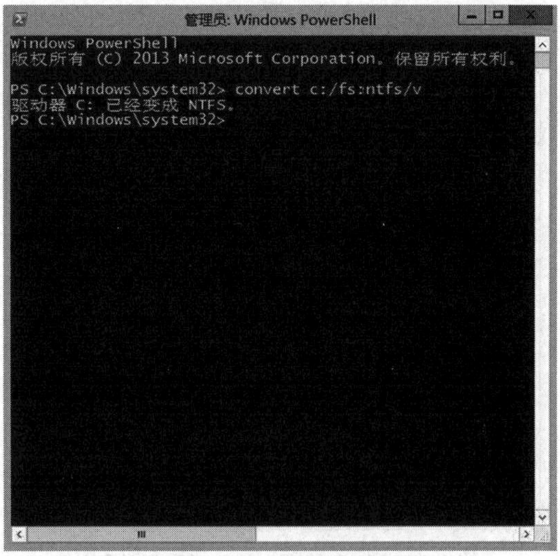

图 3-2 输入转换命令

2. 设置文件标准权限

设置 NTFS 的文件和文件夹标准权限，操作如下。

(1)右键单击名为 teacher 的文件夹，单击【属性】，然后打开【安全】选项卡，如图 3-3 所示。

(2)单击【编辑】按钮，在弹出的窗口中单击【添加】按钮，输入想要为其设置权限的用户 teacher 的名称，单击【确定】按钮，如图 3-4 所示。

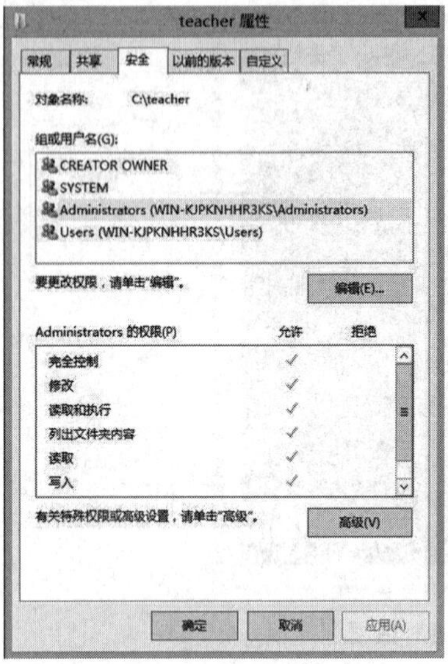

图 3-3 【teacher 属性】对话框

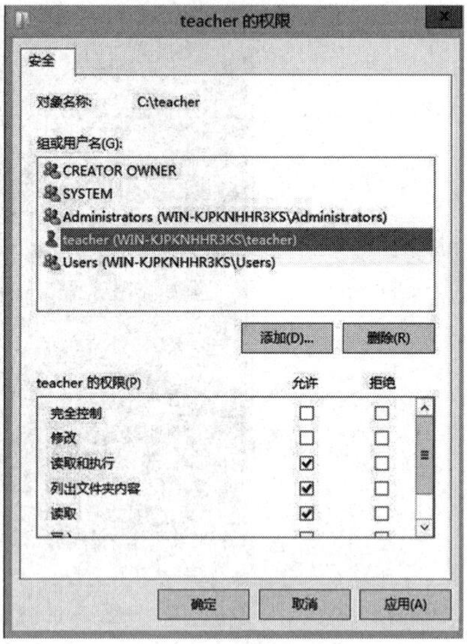

图 3-4 【teacher 的权限】对话框

(3)在【teacher 的权限】对话框中，首先选中用户 Administrator，再选择【完全控制】。然后选中用户 teacher，选择【读取】，单击【确定】按钮，如图 3-5 所示。

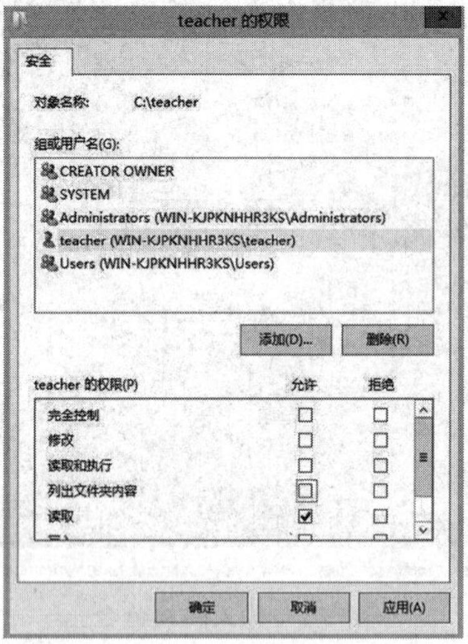

图 3-5 设置 teacher 为只读权限

3. 设置文件高级权限

标准的 NTFS 权限通常能提供足够的能力，用以控制对用户资源的访问，以保护用户的资源。但是，如果需要更为特殊的访问级别就可以使用 NTFS 的高级权限。

(1)选中某个文件或文件夹，右键单击选择【属性】，然后打开【安全】选项卡，单击【高级】按钮，打开【高级安全设置】对话框，如图 3-6 所示。

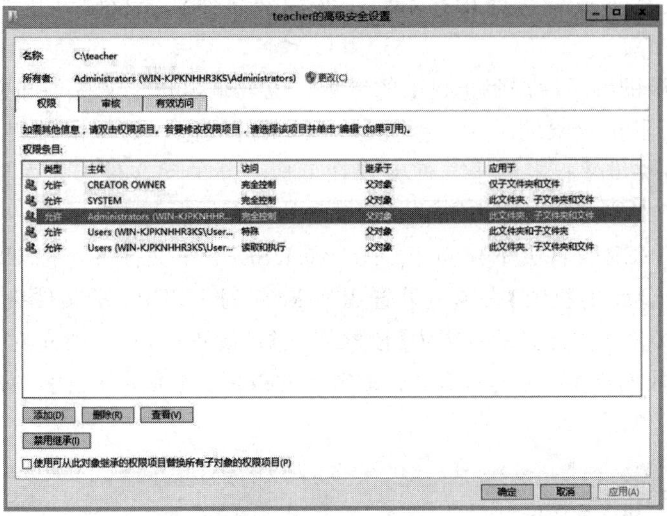

图 3-6 【高级安全设置】对话框

(2)单击【禁用继承】按钮，在弹出的窗口中选择【从此对象中删除所有已继承的权限】，单击【确定】按钮，再重新添加用户并设置权限，如图 3-7 所示，可以分配用户任何现有的权限。

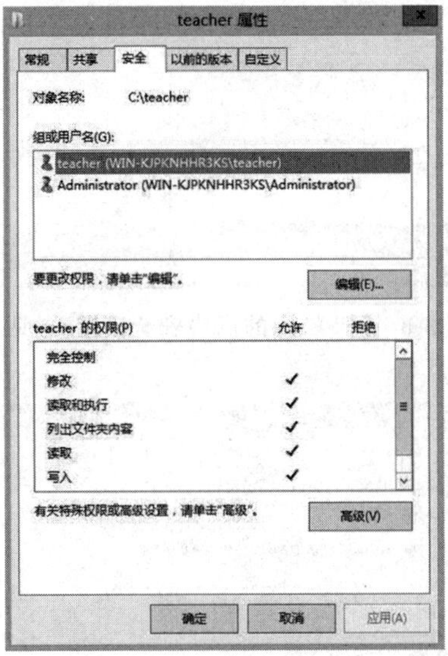

图 3-7 设置高级权限

(3)设置完成，单击【确定】按钮。

4. 权限的继承

(1)权限的继承性。默认情况下，授予父文件夹的任何权限也将应用于包含在该文件夹中的子文件夹和文件。当授予访问某个文件夹的 NTFS 权限时，就将授予该文件夹的 NTFS 权限授予了该文件夹中任何现有的文件和子文件夹，以及在该文件夹中创建的任何新文件和新的子文件夹。

如果想让文件夹或者文件具有不同于它们父文件夹的权限，必须阻止权限的继承性。

(2)阻止权限的继承性。阻止权限的继承，也就是阻止子文件夹和文件从父文件夹继承权限。为了阻止权限的继承，要删除继承来的权限，只保留被明确授予的权限。被阻止从父文件夹继承权限的子文件夹现在就成了新的父文件夹，而包含在这一新的父文件夹中的子文件夹和文件将继承授予它们的父文件夹的权限。

例如：在 USER 文件夹下建立 USER1 和 USER2 子文件夹，把 USER 文件【包括可从该对象父项继承的权限】去掉，设置用户 kc01 对 USER1 子文件夹的权限为【完全控制】和对 USER2 子文件夹的权限为【读取属性】；设置用户 teacher 对 USER1 子文件夹的权限为【读取属性】和对 USER2 子文件夹的权限为【读取属性】，如图 3-8、图 3-9 所示。

图 3-8 【USER1 的高级安全设置】对话框

图 3-9 【USER2 的高级安全设置】对话框

5. 文件/文件夹的所有者

如果为某用户授予这一权限，该用户就具有了获得文件和文件夹的所有权的能力。可以将文件和文件夹的拥有权从一个用户账号或者组转移到另一个用户账号或者组，也可以将【获得所有权】这种能力给予某个人。而作为管理员，也可以获得某个文件或者文件夹的所有权。当前的拥有者或者具有【完全控制】权限的任何用户，可以将【完全控制】这一标准权限或者【获得所有权】这一特殊访问权限授予另一个用户账号或者组。这样，该用户账号或者该组的成员就能获得所有权。为了成为某个文件或者文件夹的拥有者，具有【获得所有权】这一权限的某个用户或者组的成员必须明确地获得该文件或者文件夹的所有权，不能自动将某个文件或者文件夹的所有权授予任何一个人。文件的拥有者、管理员组的成员，或者任何一个具有【完全控制】权限的人都可以将【获得所有权】权限授予某个用户账号或者组，这样就使他们获得了所有权。

Administrators 组的成员可以获得某个文件或者文件夹的所有权，而不管为该文件夹或者文件授予了怎样的权限。如果某个管理员获得了所有权，则 Administrators 组也获得了所有权。因而该管理员组的任何成员都可以修改针对该文件或者文件夹的权限，并且可以将【获得所有权】这一权限授予另一个用户账号或者组。

例如：如果某个机房管理员要离职，他可以将【获得所有权】这一权限授予另一个机房管理员，这样该机房管理员就获得了前一机房管理员的文件的所有权。

为 USER 文件添加当前所有者为 Users 用户，如图 3-10 所示。

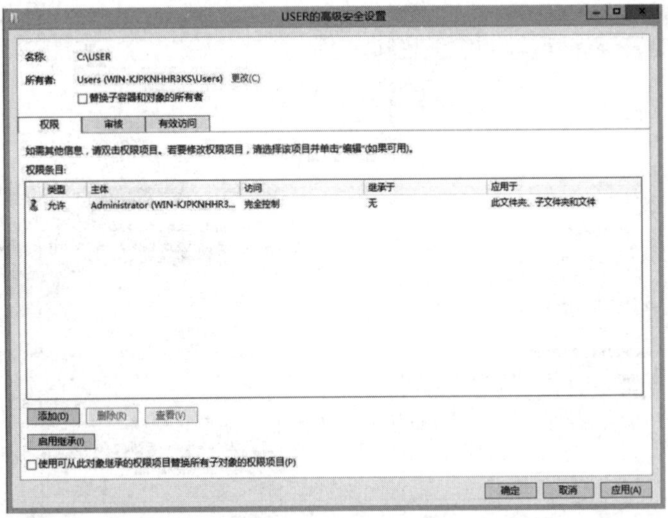

图 3-10 【USER 的高级安全设置】对话框

3.1.3 文件系统压缩与加密

NTFS 文件系统中的文件和文件夹都具有压缩属性，NTFS 压缩可以节约磁盘空间。当用户或应用程序要读/写压缩文件时，系统会将文件自动进行解压和压缩，从而会降低性能。

Windows Server 2012 提供的文件和文件夹加密功能是通过加密文件系统(Encrypting File System，EFS)实现的。EFS 提供了用于在 NTFS 文件系统卷上存储加密文件的核心文件加密技术。由于 EFS 与文件系统相集成，因此管理更加方便，系统更难以被攻击，并且对用户是透明的。此技术对于保护计算机上易于被其他用户访问的数据特别有用。对文件或文件夹加密后，即可像使用任何其他文件和文件夹那样使用加密的文件和文件夹。

EFS 对用户是透明的，也就是说，如果用户加密了一些数据，那么用户对这些数据的访问将是完全允许的，并不会受到任何限制。而其他非授权用户试图访问加密过的数据，将会收到【访问拒绝】的错误提示。EFS 加密的用户验证过程是在登录 Windows 时进行的，只要登录 Windows，就可以打开任何一个被授权的加密文件。

1. 对文件和文件夹进行压缩

如果服务器的磁盘空间不足，希望在保留现有文件的情况下再增加部分可用空间，这时可对【C:\软件】文件夹进行压缩，以增加可用空间。

(1)在服务器上以 Administrator 身份登录，打开【C:\软件】文件夹，单击鼠标右键，在弹出的菜单中选择【属性】命令，打开如图 3-11 所示的【软件 属性】对话框。此时观察到【软件】文件夹大小为 38.4MB，占用空间为 38.7MB。

(2)在【常规】选项卡中单击【高级】按钮，打开如图 3-12 所示的【高级属性】对话框，选中【压缩内容以便节省磁盘空间】复选框，单击【确定】按钮，再回到【软件 属性】对话框，单击【应用】按钮，弹出【确认属性更改】对话框，这里保持默认选项【将更改应用于此文件夹、子文件夹和文件】。

图 3-11 【软件 属性】对话框

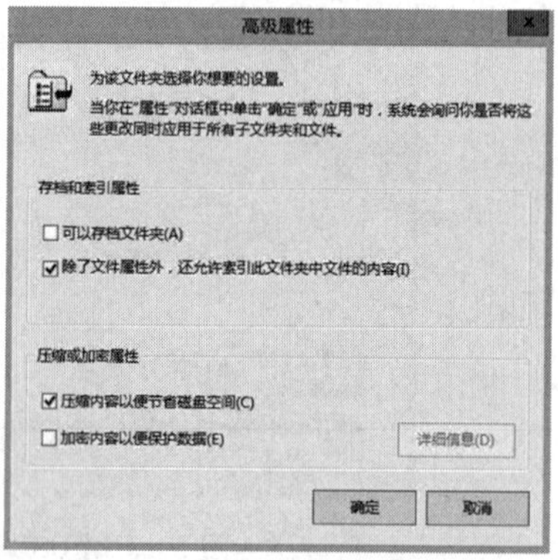

图 3-12 【高级属性】对话框

(3)单击【属性】按钮，回到【软件 属性】对话框，如图 3-13 所示。此时观察此文件压缩后的大小仍然为 38.4MB，但是占用的空间已经减少至 23.6MB。也就是说，通过压缩获得了 14.8MB 的可用空间。单击【确定】按钮，系统会用彩色(默认是蓝色)来显示压缩过的 NTFS 文件或文件夹。

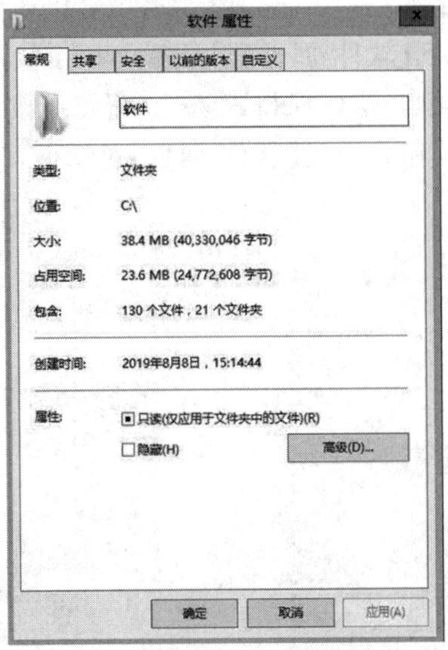

图 3-13　压缩后【软件 属性】对话框

2. 对文件和文件夹进行加密

kc01 用户是计算机系的机房管理员，计算机系有一台服务器可供计算机系所有人员访问。尽管已经在多数文件夹上配置了 NTFS 权限来限制未授权用户查看文件，但系统仍能使【C:\软件】文件夹达到更高级别的安全性，即保证只有此文件夹的所有者——用户 kc01 可读，其他用户即使具有完全控制权限也都无权访问。

(1)在服务器上以用户 kc01 身份登录，打开【C:\软件】文件夹，单击鼠标右键，在弹出的菜单中选择【属性】命令，打开如图 3-14 所示的【软件 属性】对话框，在【常规】选项卡中单击【高级】按钮。

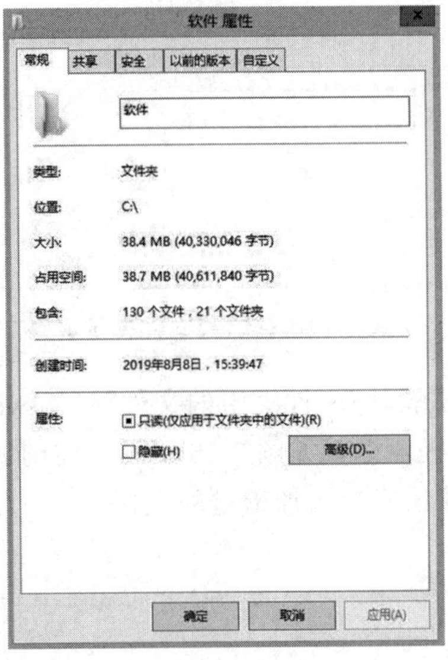

图 3-14　【软件 属性】对话框

(2)在弹出的【高级属性】对话框中，选中【加密内容以便保护数据】复选框，如图 3-15 所示，单击【确定】按钮，回到【软件 属性】对话框，单击【应用】按钮，将出现如图 3-16 所示的【确认属性更改】对话框，这里保持默认选项【将更改应用于此文件夹、子文件夹和文件】，然后单击【确定】按钮，回到【软件 属性】对话框，最后单击【确定】按钮关闭所有窗口，注销用户 kc01。

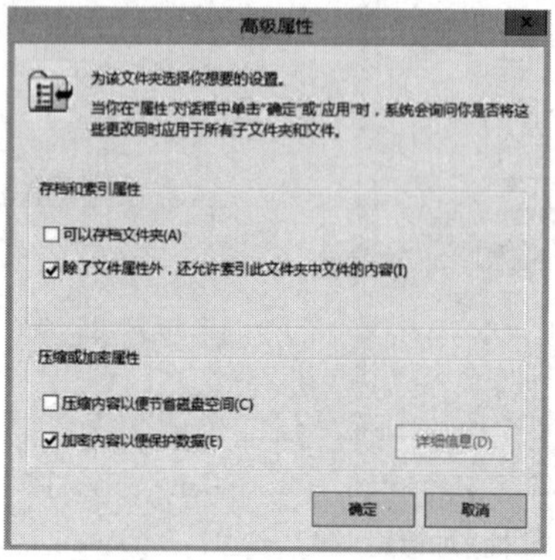

图 3-15 【高级属性】对话框

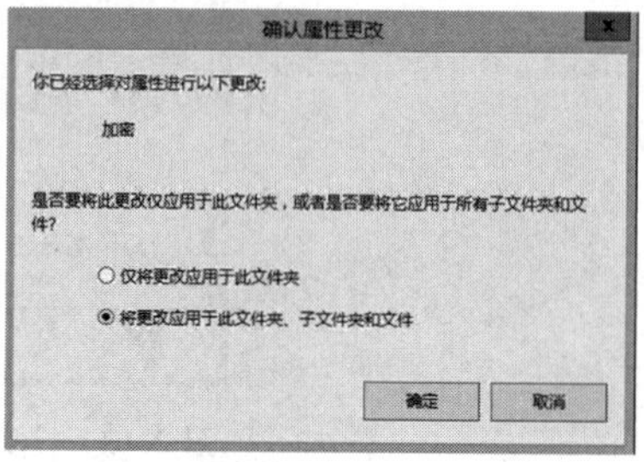

图 3-16 【确认属性更改】对话框

(3)在此服务器上以 Administrator 身份登录，打开【C:\软件】文件夹，系统会用彩色(默认是绿色)来显示加密过的 NTFS 文件或文件夹，如图 3-17 所示。

图 3-17 【软件】文件夹显示

(4)此时若试图打开【C:\软件】文件夹中的文件【\VMware Tools\vmacthlp】，将弹出一个内容为【拒绝访问】的提示框，如图 3-18 所示。注销 Administrator 账户，再以用户 kc01 身份登录，可以直接访问自己加密过的文件。

图 3-18　访问被拒绝提示框

3.2　BitLocker 驱动器加密

3.2.1　BitLocker 简介

BitLocker 驱动器加密是在 Windows Vista 中新增的一种数据保护功能，主要用于解决一个人们越来越关心的问题：由计算机设备的物理丢失导致的数据失窃或恶意泄漏。

BitLocker 驱动器加密：通过加密 Windows 操作系统卷上存储的所有数据，可以更好地保护计算机中的数据。BitLocker 使用 TPM 帮助保护 Windows 操作系统和用户数据，并帮助确保计算机即使在无人参与、丢失或被盗的情况下也不会被篡改。BitLocker 还可以在没有受信任的平台模块(TPM)的情况下使用。若要在计算机上使用 BitLocker 而不使用 TPM，则必须通过使用组策略更改 BitLocker 安装向导的默认行为，或通过使用脚本配置 BitLocker。使用 BitLocker 而不使用 TPM 时，所需加密密钥存储在 USB 闪存驱动器中，必须提供该驱动器才能解锁存储在卷上的数据。

如果被加密保护的磁盘是 Windows Server 2012 操作系统磁盘，则即使该磁盘被拿到另一台计算机也无法启动，除非该磁盘已解除锁定。由于移动磁盘容易丢失、遭窃，因此为避免磁盘内数据轻易外泄，Windows Server 2012 可通过 BitLocker to Go 功能对移动磁盘进行加密。

3.2.2　BitLocker 驱动器加密应用

1. 安装 BitLocker 驱动器加密

安装 BitLocker 驱动器加密操作如下：单击左下角【服务器管理器】图标，再单击【添加角色和功能】超链接，在打开的对话框中连续四次单击【下一步】按钮，即进入如图 3-19 所示的界面，单击【添加功能】按钮，并在单击【下一步】按钮后单击【安装】按钮即完成安装，完成安装后重启计算机。

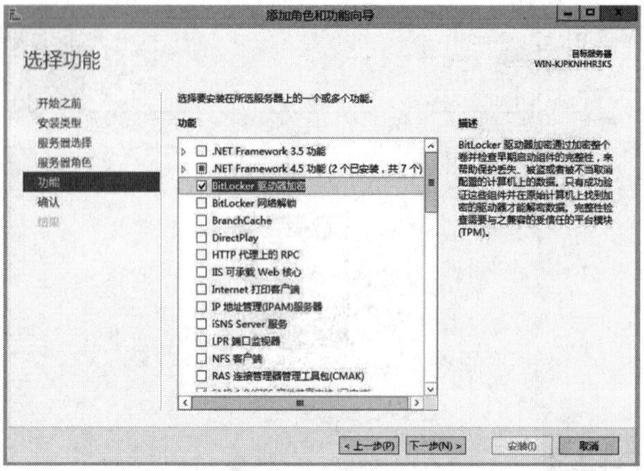

图 3-19 【添加角色和功能向导】界面

2. 允许在无 TPM 环境下使用 BitLocker

以操作系统磁盘而言，系统默认只支持 TPM 方式的 BitLocker，如果要支持其他方式(如 U 盘、密码)，按 Windows+R 组合键运行 gpedit. msc，依次选择【计算机配置】→【管理模板】→【Windows 组件】→【BitLocker 驱动加密】选项，单击【操作系统驱动器】按钮，并双击右方的【启动时需要附加身份验证】选项，在【启动时需要附加身份验证】界面中选中【已启用】单选按钮，如图 3-20 所示，并单击【确定】按钮。

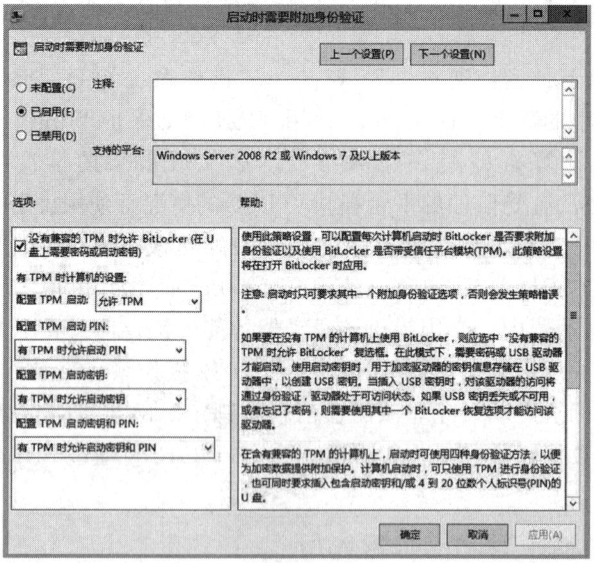

图 3-20 【启动时需要附加身份验证】界面

3. BitLocker 驱动器加密使用

启用 BitLocker 驱动器加密操作如下。

(1)打开【控制面板】(查看方式设置为【类别】)，单击【系统和安全】按钮，在【系统和安全】界面中单击【BitLocker 驱动器加密】按钮，在【BitLocker 驱动器加密】界面中单击【启用 BitLocker】按钮，如图 3-21 所示。

图 3-21 【BitLocker 驱动加密】界面

(2)在新出现对话框中，连续两次单击【下一步】按钮，最后选择【立即重新启动】按钮，如图 3-22 所示。

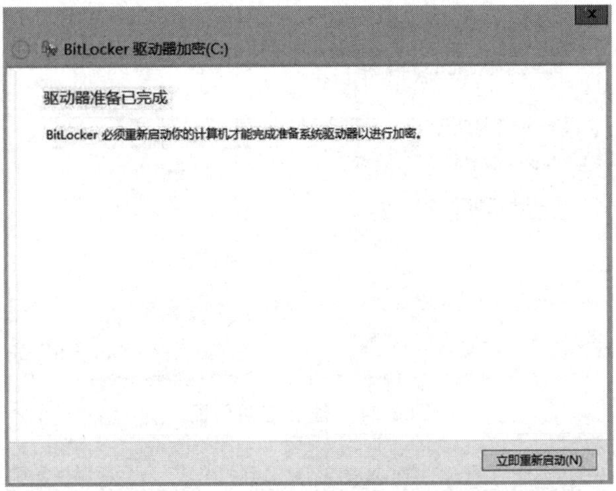

图 3-22 BitLocker 驱动加密启动确认重启界面

(3)计算机重启后，在进入的界面中单击【下一步】按钮，在对话框中选择【输入密码】选项，如图 3-23 所示。

(4)输入密码(密码必须符合复杂性要求)后单击【下一步】按钮，进入如图 3-24 所示的界面，可选择将恢复密钥保存到 U 盘或保存到文件或打印恢复密钥，此处选择保存到文件。

(5)在如图 3-25 所示的界面中选择恢复密钥的存储位置，依次单击【保存】→【是】→【下一步】按钮。(注意：恢复密钥不可以保存到操作系统内，也不可保存到固定数据盘的根文件夹内)

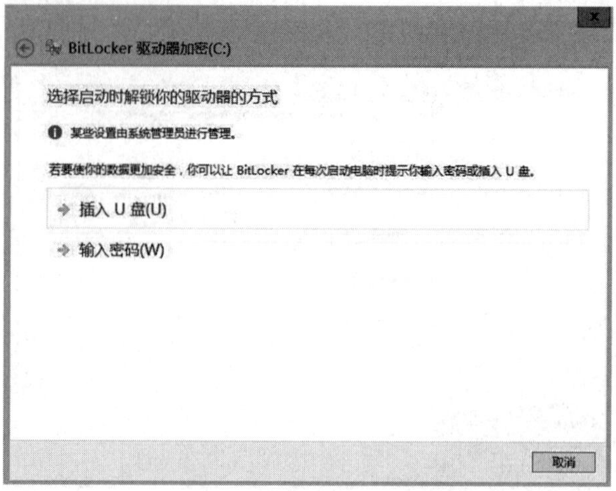

图 3-23　选择【输入密码】选项

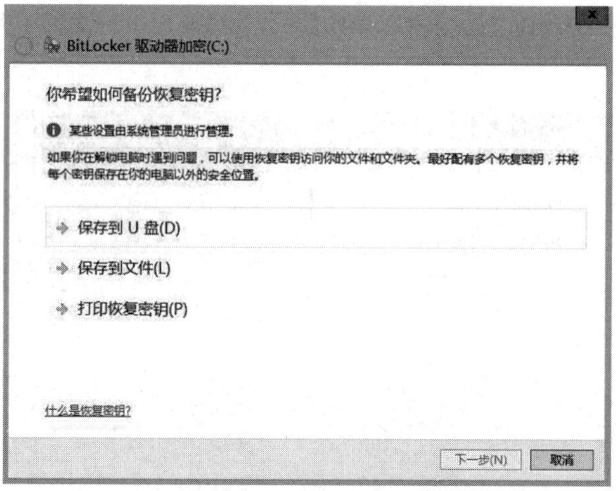

图 3-24　备份密钥界面

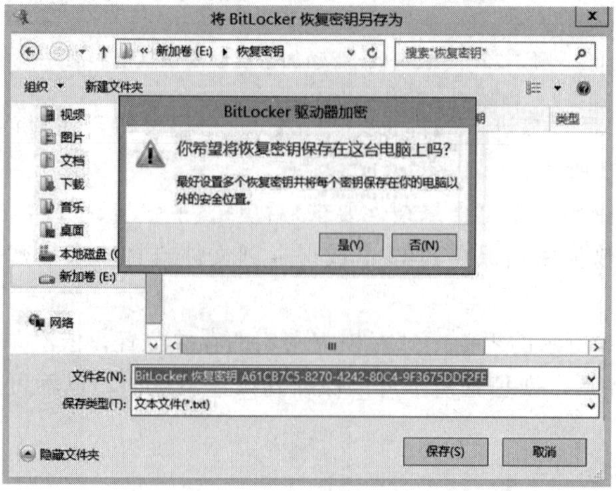

图 3-25　恢复密钥界面

(6)在新弹出的对话框中选择默认选项即可。单击【下一步】按钮，在进入的界面中单击【继续】按钮，按照系统提示，重新启动计算机，按照启动提示输入解锁密码并登录，可以从任务栏中的图标上得知 BitLocker 开始对操作系统磁盘进行加密了，这将花费一段比较长的时间。

(7)以后每次重启计算机时，都必须输入解锁密码，才可以启动 Windows Server 2012，如图 3-26 所示。如果忘记密码，则可以通过输入回复密钥来解锁，否则无法启动 Windows Server 2012，也无法访问磁盘的文件。

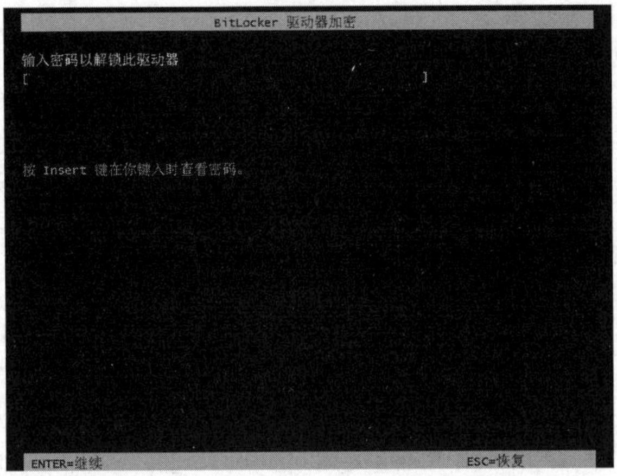

图 3-26　BitLocke 加密后访问磁盘界面

4. 挂起和关闭 BitLocker

如果需要更新硬件、BIOS 或操作系统，应先挂起 BitLocker，以免因为环境变化而影响到 Windows Server 2012 的启动。挂起后，下次重新启动计算机就不需要输入密码，不过计算机启动后，BitLocker 会自动重新启动。挂起 BitLocker 驱动器加密操作如下。

(1)打开【控制面板】(查看方式设置为【类别】)，单击【系统和安全】按钮，在【系统和安全】界面中单击【BitLocker 驱动器加密】按钮，在【BitLocker 驱动器加密】界面中单击【挂起保护】按钮，在随后进入的界面中单击【是】按钮，完成挂起操作，如图 3-27 所示。

图 3-27　挂起 BitLocker 操作界面

(2)挂起后，可以随时重新启用 BitLocker。此时由于磁盘仍然为加密状态，因此重新启用 BitLocker 时，不需要再经过较长的加密过程。重新启用 BitLocker 的方法如图 3-28 所示，单击【恢复保护】按钮即可。

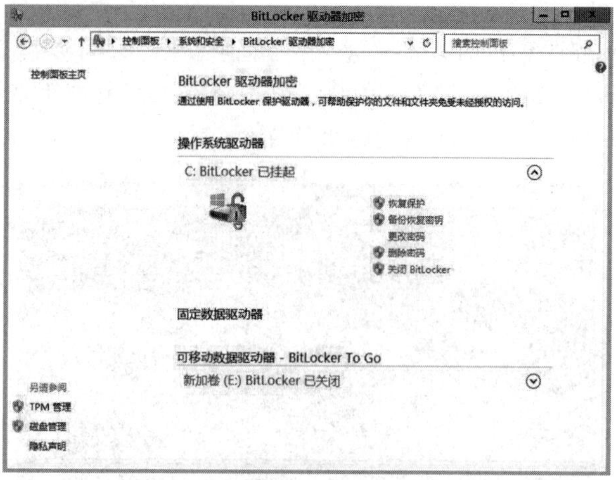

图 3-28　重新启用 BitLocker 操作界面

(3)如果需要将磁盘解密，不再使用 BitLocker 功能，则可以通过关闭 BitLocker 的方式进行设置，如图 3-29 所示，单击【关闭 BitLocker】按钮即可。如果以后要重新使用 BitLocker，就需要创建新的解锁密钥并重新保存恢复密钥。

图 3-29　关闭 BitLocker 操作界面

3.2.3　磁盘配额

Windows NT 系统的缺陷之一就是没有磁盘配额管理，这样就很难控制网络中的用户使用磁盘空间的大小。如果某个用户恶意占用太多的磁盘空间，将导致系统空间不足。Windows Server 2012 的磁盘配额可以限制用户对磁盘空间的无限制使用。磁盘配额的工作过程是磁盘配额管理器根据网络系统管理员设置的条件，监视对受保护的磁盘卷的写入操作。如果受保护的卷达到或超过某个特定的水平，就会有一条消息发送到向该卷进行写入操作的用户，警告该卷已接近配额限制，或配额管理器会阻止该用户对该卷的写入。

Windows Server 2012 是基于用户和卷进行配额管理的，限额的磁盘是 Windows 卷。要在卷上使用磁盘限额，则该卷必须是 NTFS 的文件系统。启用磁盘配额对计算机的性能有一些影响，但对合理使用磁盘意义重大。

在 Windows Server 2012 资源管理器中，右键单击要启动磁盘配额的卷，在弹出的快捷菜单中选择【属性】选项，打开【磁盘】属性窗口，选择【配额】选项卡。该选项卡中各选项的含义如下。

(1)【拒绝将磁盘空间给超过配额限制的用户】选项：如果选中该复选框，超过其配额限制的用户将收到来自 Windows 的【磁盘空间不足】的提示信息，并且无法将额外的数据写入卷中；如果没有选中该复选框，则对用户写入数据的大小没有限制。如果不想拒绝用户对卷的访问，但想跟踪每个用户的磁盘空间使用情况，可以启用配额但不限制磁盘空间的使用，也可指定当用户超过配额警告级别或超过配额限制时是否要记录事件。

(2)【将磁盘空间限制为】选项：输入允许卷的新用户使用的磁盘空间量，以及在将事件写入系统日志前已经使用的磁盘空间量。管理员可以在【事件查看器】中查看这些事件，在磁盘空间和警告级别中可以使用十进制数值(如 66.6)，并从下拉列表中选择适当的单位(如 KB、MB、GB 等)。

(3)【用户超出配额限制时记录事件】选项：如果启动配额，则只要用户超过其配置限制，事件就会写入本地计算机的系统日志中。管理员可以用查看器，通过筛选磁盘事件类型查看这些事件。默认情况下，配额事件每小时写入本地计算机的系统日志一次。

(4)【用户超过警告等级时记录事件】选项：如果启动配额，则只要用户超过其警告级别，事件就会写入本地计算机的系统日志中。管理员可以用事件查看器，通过筛选磁盘事件类型查看这些事件。默认情况下，配额每小时会写入本地计算机的系统日志一次。

1. 磁盘配额的具体应用

如果要让某一个用户使用更多的空间，可以为用户单独指定磁盘配额。单击【配额】选项卡中的【配额项】按钮，在配额项窗口中可以监视每个用户的磁盘配额使用情况，并可单独设置每个用户可使用的磁盘空间。具体操作步骤如下。

(1)在本地磁盘上右键单击选择【属性】选项，打开【属性】对话框。

(2)在【属性】对话框中，选择【配额】选项卡并选中【启用配额管理】，如图 3-30 所示。

(3)为新用户设置磁盘空间限制数值。

(4)如果对现有的用户设置配额，单击【配额项】按钮，打开【配额项】对话框，如图 3-31 所示。

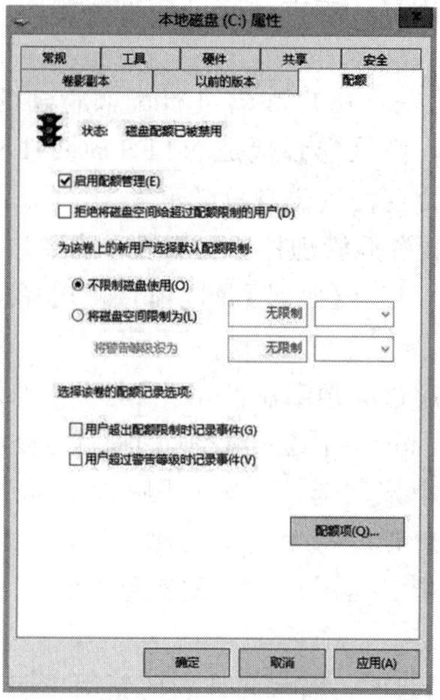

图 3-30　设置【配额】选项卡对话框

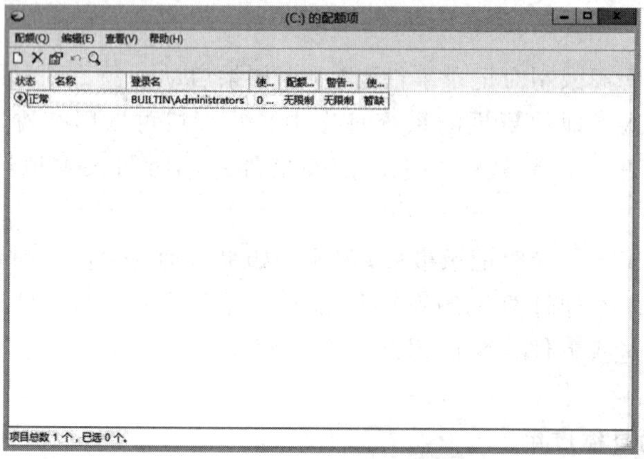

图 3-31　【配额项】显示对话框

(5)单击【配额】下拉菜单中的【新建配额项】选项，或单击工具栏中的【新建配额项】按钮，显示【选择用户】窗口；单击【高级】按钮，再单击【立即查找】按钮，即可在【搜索结果】列表框中选择当前计算机中的用户。

(6)选择要指定配额的用户后，单击【确定】按钮，返回【选择用户】窗口，再单击【确定】按钮，弹出如图 3-32 所示的【添加新配额项】窗口，选中【将磁盘空间限制】单选按钮，并在其后的文本框中为该用户设置访问磁盘的空间。然后单击【确定】按钮，保存设置。至此该磁盘配额的设置工作完成，指定的用户被添加到本地卷配额项列表中。

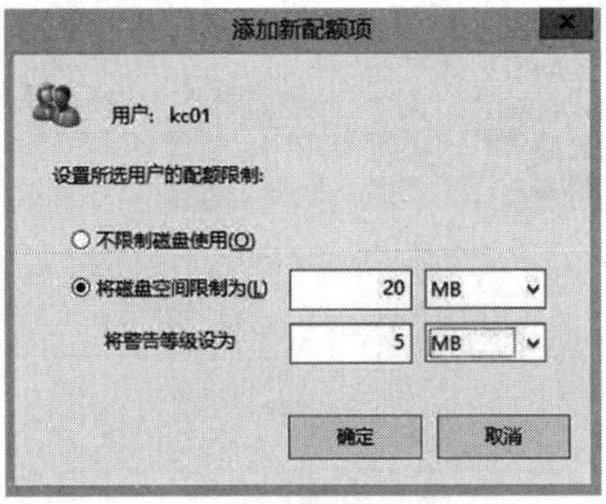

图 3-32 【添加新配额项】对话框

3.3 文件共享服务

为安全起见，默认状态下，服务器中所有的文件夹都不被共享。而创建文件服务器时，又只创建一个共享文件夹。因此，若要授予用户某种资源的访问权限时，必须先将该文件夹设置为共享，然后再赋予授权用户相应的访问权限。创建不同的用户组，并将拥有相同访问权限的用户加入同一个用户组，会使用户权限的分配变得简单而快捷。

在网络环境中，管理员和用户除了使用本地资源外，还可以使用其他计算机上的资源。在资源使用的过程中，对于用户来说，不需要知道资源的位置，而对于共享资源来说，也不需要知道用户的位置，双方都是透明的，用户只要了解到网络中有自己所需要的资源，并且有资源的使用权限，就可以使用该资源。

3.3.1 文件夹共享与访问

利用共享文件夹进行共享的资源主要是指计算机的软件资源。计算机的软件资源是指程序和数据在网络中表现为目录和文件。软件资源的共享实质上是文件和目录的共享。

1. 使用向导共享文件夹

(1)右键单击 Windows 左下角徽标，在弹出的快捷菜单中选择【计算机管理】项，在【计算机管理】对话框中，双击【共享文件夹】展开，选择【共享】选项，如图 3-33 所示。

(2)在窗口的右边显示出了计算机中所有共享文件夹的信息。如果要建立新的共享文件夹，可通过选择主菜单【操作】中的【新建共享】子菜单，或者在左侧窗口右键单击【共享】子结点，选择【新建共享】，打开【共享文件夹向导】，单击【下一步】按钮，打开如图 3-34 所示的【创建共享文件夹向导】对话框，输入要共享的文件夹路径。

(3)单击【下一步】按钮，进入如图 3-35 所示的界面，输入共享名称、共享描述，在共享描述中输入对该资源的描述性信息，以方便用户了解其内容。

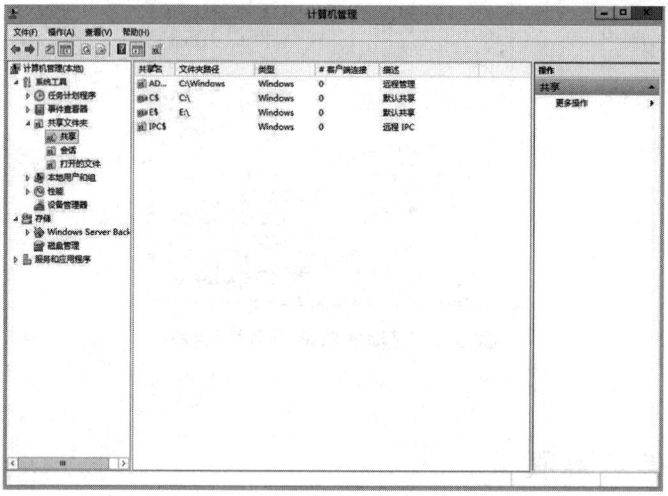

图 3-33 【计算机管理】对话框

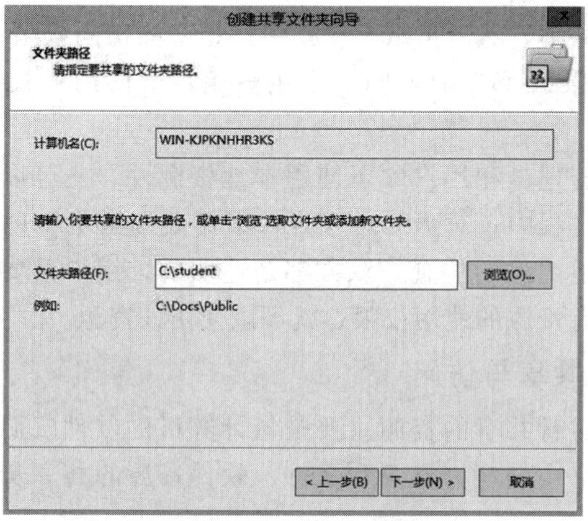

图 3-34 【创建共享文件夹向导】对话框 1

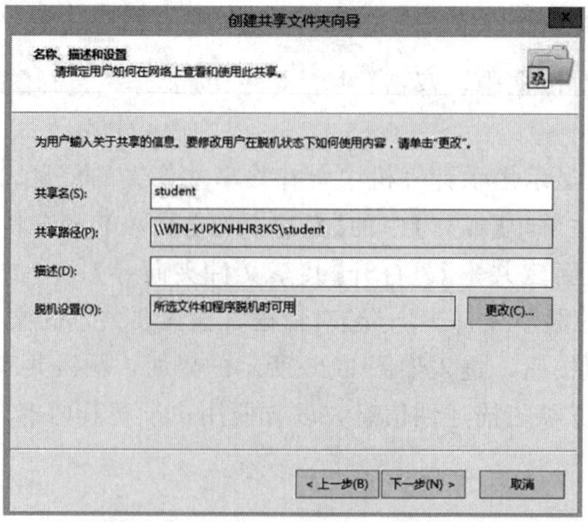

图 3-35 【创建共享文件夹向导】对话框 2

(4)单击【下一步】按钮，出现如图 3-36 所示的界面，用户可以根据自己的需要设置网络用户的访问权限，或者选择【自定义】来定义网络用户的访问权限。

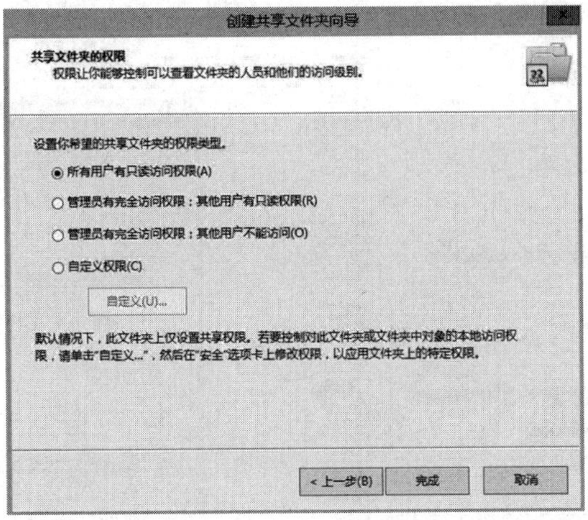

图 3-36 【创建共享文件夹向导】对话框 3

(5)单击【完成】按钮，即完成共享文件夹的设置。

2. 使用管理器共享文件夹

在【资源管理器】中，选择要设置为共享的文件夹，单击鼠标右键，在弹出的快捷菜单中将【共享】菜单项选中后，打开如图 3-37 所示的【文件共享】窗口，在该窗口中进行相关的操作。

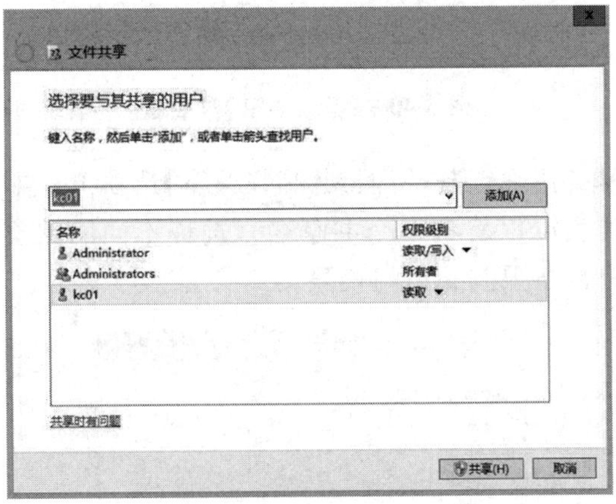

图 3-37 【文件共享】对话框

3. 共享设置文件夹的多个共享名

当需要一个文件夹以多个共享文件夹的形式出现在网络中时，可以为共享文件夹添加共享，具体操作步骤如下。

(1)在【资源管理器】中以鼠标右键单击一个共享文件夹，在弹出的快捷菜单中选择【属性】命令，并在随后出现的对话框中单击【共享】标签，弹出【共享】选项卡，如图 3-38 所示。单击该选项卡中的【高级共享】按钮，将出现如图 3-39 所示的【高级共享】对话框，再单击【添加】按钮，将出现如图 3-40 所示的【新建共享】对话框。在该对话框中除了可以设置新的共享名外，还可以为其设置相应的描述、访问用户数量限制和共享权限。

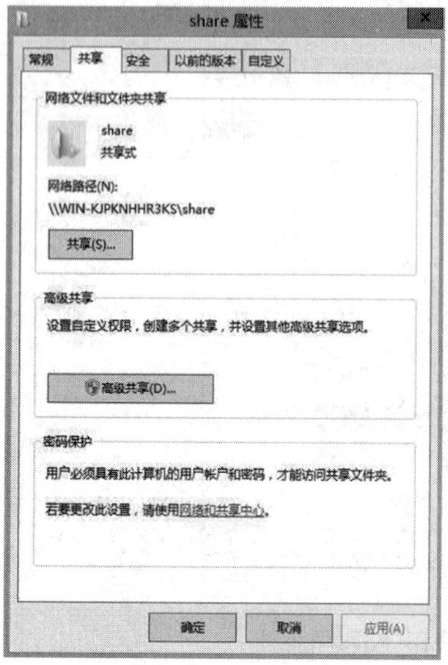

图 3-38 【共享】选项卡

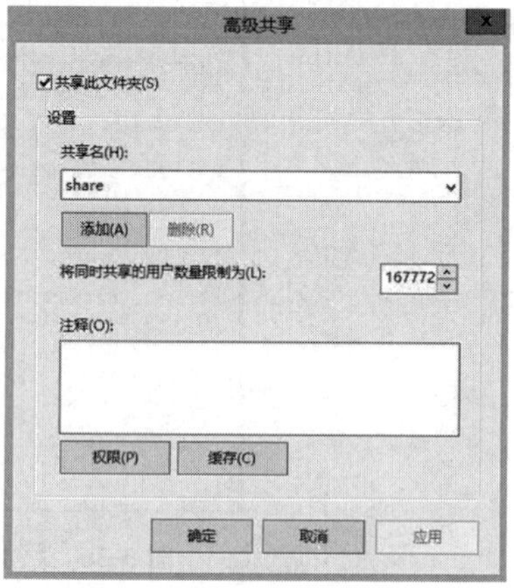

图 3-39 【高级共享】对话框

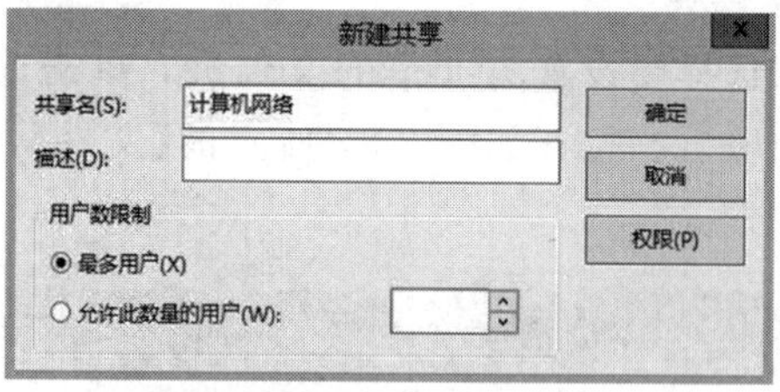

图 3-40 【新建共享】对话框

(2)设置完成后，单击【确定】按钮回到【高级共享】选项卡，如图 3-41 所示，此时单击【共享名】后的下拉列表可以看到多个共享名。选择不同的共享名，可以在下面设置对应于该共享名的用户数量限制和访问权限。

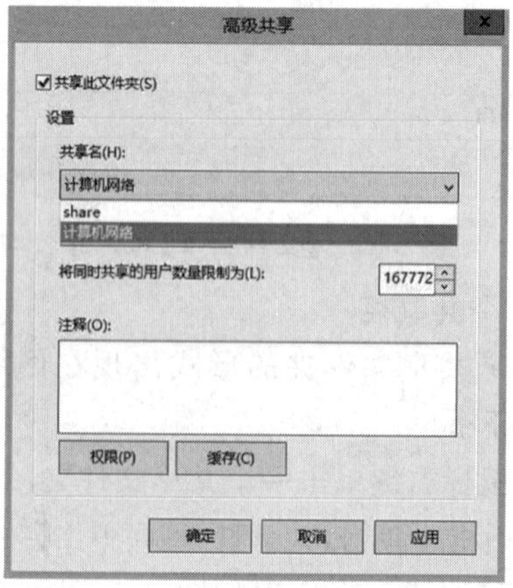

图 3-41 同一个文件夹的多个共享界面

4. 使用【运行】访问共享文件夹

如果知道共享文件夹的具体名称和地址，可以通过直接输入地址的方法来连接共享文件夹，具体操作步骤如下。

(1)右键单击【开始】→选择【运行】，输入我们要访问共享文件夹的地址(如：\\192.168.20.132)，如图 3-42 所示。

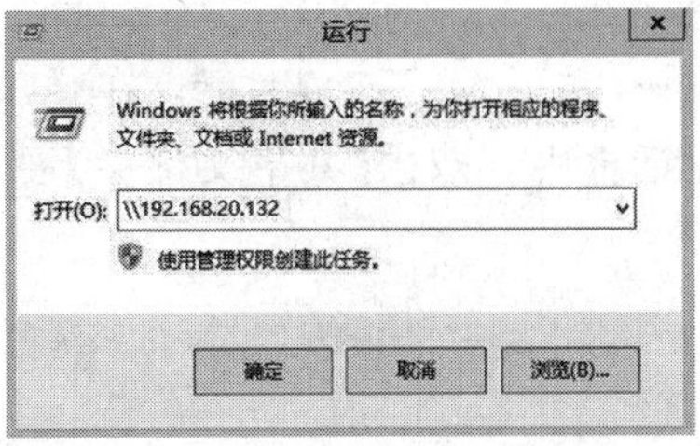

图 3-42 【运行】界面

(2)单击【确定】按钮，将弹出该地址下的所有共享文件夹，选择我们要访问的文件夹进行访问，如图 3-43 所示。

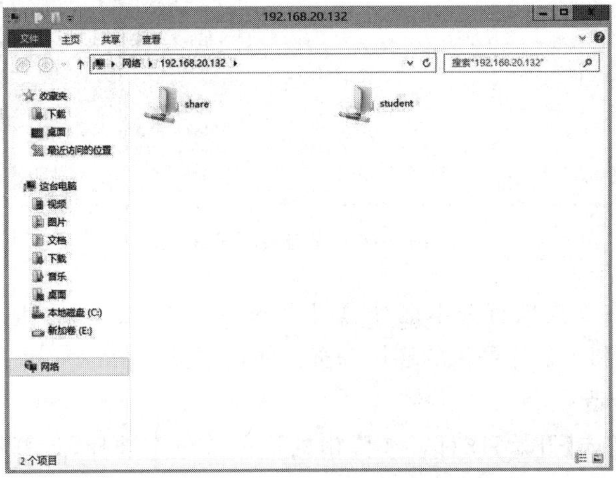

图 3-43 访问共享文件夹

3.3.2 文件夹共享后的监视与管理

前面提到的共享资源中有一些是系统自动创建的，如 C$、IPC$ 等。这些系统自动创建的共享资源就是特殊共享资源，它们是 Windows Server 2012 用于本地管理和系统使用的。一般情况下，用户不应该删除或者修改这些特殊共享。由于被管理计算机的配置情况不同，共享资源中所列出的这些特殊共享也会有所不同。下面列出了一些常见的特殊共享。

(1)Driveletter$：存储设备的根目录创建的一种共享资源，显示形式为 C$、D$ 等。例如：D$ 号是一个共享名，管理员通过它可以从网络上访问驱动器。值得注意的是，只有 Administrators 组、Power Users 组和 Server Operators 组的成员才能连接这些共享资源。

(2)ADMIN$：在远程管理计算机的过程中系统使用的资源。该资源的路径通常指向 Windows Server 2012 系统目录的路径。同样，只有 Administrators 组、Power Users 组和 Server Operators 组的成员才能连接这些共享资源。

(3)IPC＄：共享命令管道的资源。它对程序之间的通信非常重要，在远程管理计算机的过程及查看计算机的共享资源时使用。

(4)PRINT＄：在远程管理打印机的过程中使用的资源。

1. 查看共享资源

(1)鼠标右键单击 Windows 左下角【开始】图标，在弹出的快捷菜单中选择【计算机管理】项，在【计算机管理】对话框中，双击【共享文件夹】展开，选择【共享】，如图 3-44 所示。

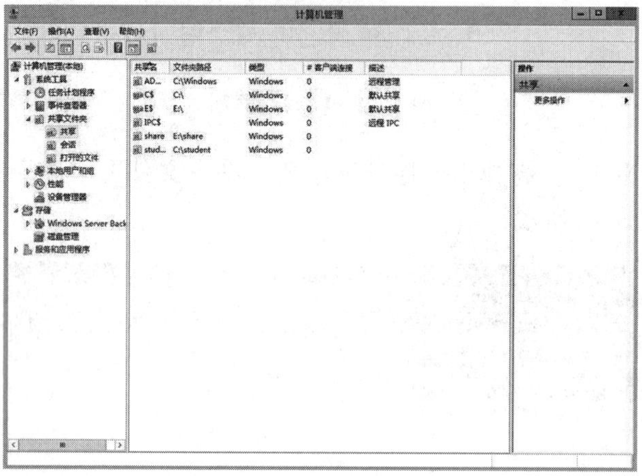

图 3-44　查看共享资源

(2)该共享文件夹提供有关本地计算机上的所有共享、会话和打开文件的相关信息，可以查看本地和远程计算机的连接和资源使用情况。

2. 关闭连接会话

(1)鼠标右键单击【开始】图标，在弹出的快捷菜单中选择【计算机管理】项，在【计算机管理】对话框中，双击【共享文件夹】展开。

(2)展开左窗口中的【共享文件夹】，单击【会话】命令，如图 3-45 所示。

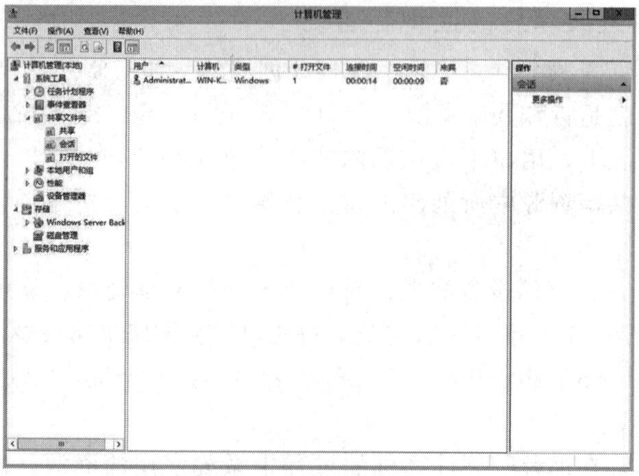

图 3-45　查看会话

(3)在用户 Administrator 上单击鼠标右键，选择【关闭会话】，如图 3-46 所示。

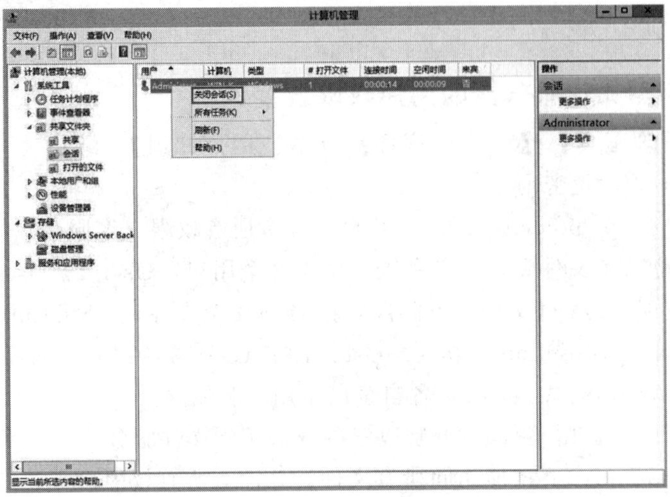

图 3-46　关闭会话

(4)弹出【共享文件夹】窗口并确认是否关闭会话。

(5)单击【是】按钮，关闭用户 Administrator 会话。

3. 关闭打开的共享文件

(1)鼠标右键单击【开始】图标，在弹出的快捷菜单中选择【计算机管理】项，在【计算机管理】对话框中，双击【服务与应用程序】展开。

(2)展开左窗口中的【服务】，关闭 Server 和相关联的服务即可永远关闭共享文件，如图 3-47 所示。

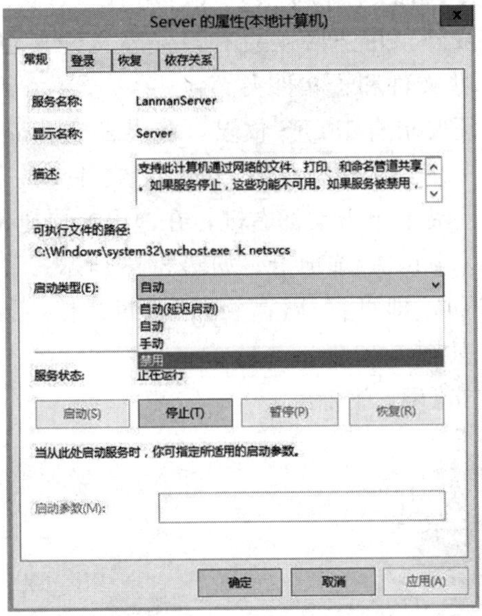

图 3-47　关闭共享文件

(3)如果要打开共享文件，在图 3-47 中选择【启动】即可。

3.4 实训扩展

3.4.1 小型文件服务器的用户权限设置

(1)单击【管理工具】→【计算机管理】→【本地用户和组】，添加 3 个用户(User 1、User 2、User 3)并设置密码。

(2)然后建立一个 Student 文件夹(管理员拥有所有权限，客服端只能读)。

(3)继续建立 3 个文件夹，分别私人隶属于 3 个用户：User 1、User 2、User 3。

(4)单击【管理工具】→【文件服务器管理】，设置 4 个文件夹：Student(Administrators、Everyone)、User 1(Administrators、User 1)、User 2(Administrators、User 2)、User 3(Administrators、User 3)，各自隶属于用户和权限。

(5)用一台计算机进行测试，分别以三种身份访问文件服务器。

①管理员 Administrator 能访问所有文件夹并拥有所有权限。

②客户端 Everyone 只能读 Student 且不能访问 User 1、User 2、User 3。

③User 1 能读 Student 且完全控制 User 1 文件夹。同理 User 2、User 3 也能读 Student 且分别完全控制 User 2 和 User 3 文件夹。

3.4.2 NTFS 权限与文件夹共享的综合应用

利用默认的共享文件夹权限共享文件夹，然后通过授权 NTFS 权限控制对这些文件夹的访问。当共享的文件夹位于 NTFS 格式的磁盘分区上时，可将该共享文件夹的权限与 NTFS 权限进行组合，用以保护文件资源。

当在 NTFS 卷上为共享文件夹授予权限时，应遵循如下规则。

(1)可以对共享文件夹中的文件和子文件夹应用 NTFS 权限。

(2)除共享文件夹权限外，用户必须要有该共享文件夹包含的文件和子文件夹的 NTFS 权限，才能访问那些文件和子文件夹。

(3)在 NTFS 卷上必须要求有 NTFS 权限。默认 Everyone 组具有【完全控制】权限。

共享权限即先设置 student 文件夹权限，再设置文件夹共享，具体操作如下。

①在 student 共享文件夹上单击鼠标右键，在弹出的快捷菜单中选择【属性】，然后在弹出的【属性】窗口中选择【共享】选项卡，如图 3-48 所示。

②单击【高级共享】按钮，即可打开【高级共享】对话框，再单击【权限】按钮，即可打开【共享权限】对话框，如图 3-49 所示。

③设置完成以后，单击【确定】按钮。

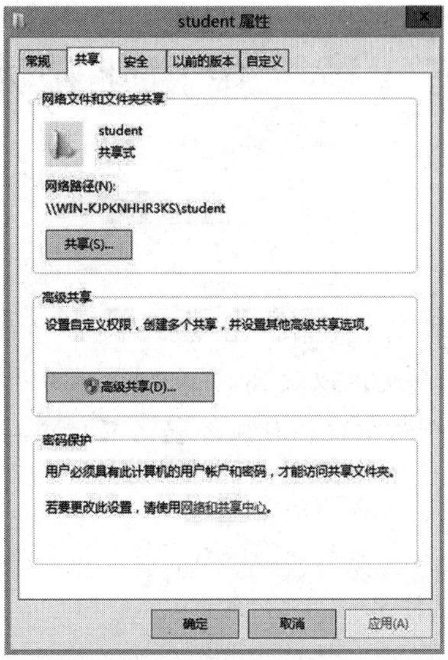

图 3-48 【共享】选项卡

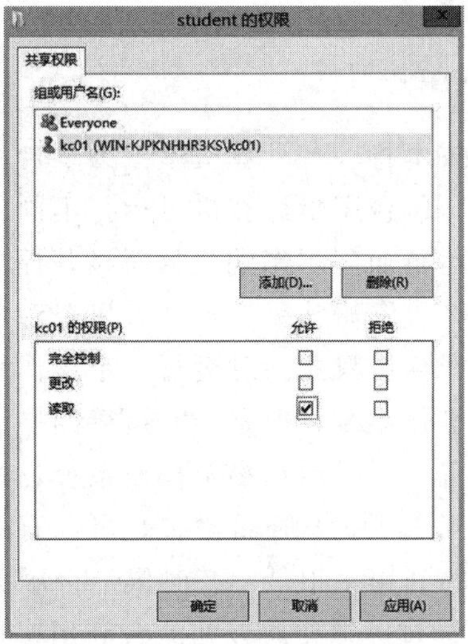

图 3-49 【共享权限】对话框

第4章　虚拟化技术

项目任务

通过学习虚拟化技术，我们能够在一台高性能计算机上部署多个虚拟机，每一台虚拟机承载一个或多个服务系统，以提高计算机的利用率，减少物理计算机的数量；通过一台宿主计算机管理多台虚拟机，让服务器的管理变得更为便捷、高效。

项目目标

- 了解 Hyper-V 虚拟化技术。
- 掌握 Windows Server 2012 中部署虚拟化服务的方法。
- 掌握 Hyper-V 的备份与还原方法。

4.1　虚拟化与 Hyper-V

虚拟化是指通过虚拟化技术将一台计算机虚拟为多台逻辑计算机。在一台计算机上同时运行多台逻辑计算机，每台逻辑计算机可运行不同的操作系统，并且应用程序都可以在相互独立的空间内运行而互不影响，从而显著提高计算机的工作效率。虚拟化技术可以定义为将一台计算机资源从另一台计算机资源中剥离的一种技术。在没有虚拟化技术的情况下，一台计算机只能同时运行一个操作系统，虽然我们可以在一台计算机上安装两个甚至多个操作系统，但是同时运行的操作系统只有一个；而通过虚拟化技术可以在同一台计算机上同时启动多个操作系统，每个操作系统上可以有许多不同的应用，多个应用之间互不干扰。通过虚拟化可以有效提高资源的利用率。在数据机房经常可以看到服务器的利用率很低，有时候一台服务器只运行着一个很小的应用，平均利用率不足10%。通过虚拟化可以在这台利用率很低的服务器上安装多个实例，从而充分利用现有的服务器资源，实现服务器的整合，减少数据中心的规模，解决数据中心能耗及散热问题，节省费用投入。

4.1.1　Hyper-V 的发展历史

2003年，微软收购了一家虚拟化软件公司，2004年推出了第一个桌面虚拟化产品 Virtual PC 2004，其功能类似于 VMware 工作站(Work Station)。由于该虚拟化产品集成在操作系统中，所以用户可以在 Windows XP 或者 Windows Server 2003 安装 Virtual PC。

2005年，微软推出了 Virtual Server 版本 2005。在功能方面，该产品具有统一管理页面、虚拟机管理功能和迁移方案。对比 Virtual PC，二者共同点是均能在 Windows Server 2003 系统上安装。

2008年，微软发布了 Windows Server 2008 操作系统，从而正式推出 Hyper-V 企业级产品。事实上在2008年3月发布的2008操作系统中，Hyper-V 仍处于测试版本。在2008年年底，微软发布了一个更新补丁，才将 Hyper-V 正式版正式发布。从发布时间上来看，微软推出企业级虚拟化产品是非常急迫的。

2012年，微软发布了 Hyper-V 3.0。2012版本中的 Hyper-V 发生了很多改变，企业所需要的 Hyper-V 企业级功能，虚拟机生命周期的维护性能，SCVMM 管理工具等各层面都发生了改变，其功能、性能、操作与 VMware 不相上下。可以说，Windows Server 2012 Hyper-V 已经是一款真正可以与 VMware 竞争的产品。

4.1.2 Hyper-V 的功能

Hyper-V 设计的目的是为用户提供更为熟悉以及成本效益更高的虚拟化基础设施软件，这样可以降低运作成本，提高硬件利用率，优化基础设施，并提高服务器的可用性。Hyper-V 的主要功能如下。

(1)新的、改进的体系结构：新64位微核心式 Hypervisor 体系结构使 Hyper-V 能够提供广泛的设备支持以及改进的性能和安全性。

(2)广泛的 Os 支持：对同时运行不同类型操作系统的广泛支持，包括跨不同服务器平台的32位和64位系统，如 Windows、Linux 及其他系统。

(3)多处理器(SMP)支持：能够在虚拟机环境中支持多达4个 SMP，实现多线程应用程序同时运行。

(4)内存支持：支持每台虚拟机较大的内存分配，能够虚拟化更多的工作量，这使得 Hyper-V 成为大企业和中小企业的理想平台。

(5)改进的存储访问：通过传递磁盘访问和对 SAN 及内部磁盘访问的广泛支持，Hyper-V 提供了更大的灵活性，以便最优地配置和利用存储环境。

(6)网络负载平衡：Hyper-V 包括新的虚拟交换功能。这意味着虚拟机可以轻松地配置为与 Windows NLB 一起运行以便在不同的服务器上跨虚拟机的平衡负载。

(7)新的硬件共享体系结构：通过新的虚拟服务提供程序/虚拟服务客户端(VSP/VSC)体系结构。Hyper-V 改进了对核心资源(如磁盘、网络、视频等)的访问和利用。

(8)快速迁移：Hyper-V 利用 Windows Server 和 System Center 管理工具可以用最少的宕机时间将正在运行的虚拟机快速从一个物理主机系统迁移到另一个物理主机系统。

(9)虚拟机快照：Hyper-V 具有给运行的虚拟机拍快照的能力，这样就可以轻松地返回到前一个状态并改进整个备份和可恢复性解决方案。

(10)可伸缩性：通过在主机级对多处理器和多核心的支持以及对改进的虚拟机内的内存访问，能够垂直扩展虚拟环境，使其能支持给定主机内的大量虚拟机并继续利用快速迁移跨多个主机进行扩展。

(11)可扩展性：Hyper-V 基于标准的 WMI 界面和 API，使独立软件供应商和开发人员能快速构建用于虚拟化平台的自定义工具和实用程序。

4.1.3 Hyper-V 的优势

Hyper-V 提供了各种高可用性选项，其中包括简单的增量备份支持，通过对群集环境进行改进，使其支持最多 4000 台虚拟机，并行实时迁移，以及使用 BitLocker 驱动器加密技术进行加密。用户还可以使用 Hyper-V 复制，该技术可将虚拟机复制到指定的离场位置，并在主站点遇到故障后实现故障转移。Hyper-V 的优势如下。

(1)安全多租户。在 Windows Server 2012 中，Hyper-V 新增的安全与多租户隔离功能可确保虚拟机的相互隔离，同一台物理服务器上的虚拟机也可相互隔离。借助可扩展交换机还可对隔离进行扩展，这样微软合作伙伴即可开发插件，扩展网络与安全功能。这些功能提供的解决方案能够满足虚拟化环境对安全性的复杂要求。

(2)灵活的基础架构。无论何时何地，灵活的基础架构都能帮助用户轻松访问和管理虚拟化网络。在 Hyper-V 中，用户可以利用网络虚拟化功能在虚拟本地区域网络(VLAN)范围外进行扩展，并能将虚拟机放在任何节点，无论其 IP 地址是什么。用户可以用更灵活的方式迁移虚拟机和虚拟机存储，甚至可以迁移到群集环境之外，并可完整实现自动化的管理任务，这样就可降低环境中的管理负担。

(3)扩展性。Hyper-V 在来宾系统中最多可支持 64 个处理器和 1 TB 内存。此外它还提供了全新的虚拟磁盘格式，可支持的虚拟磁盘容量最高可达 64 TB，并且通过提供额外的弹性，使用户可以对更大规模的负载进行虚拟化。

(4)高可用性。仅扩展和正常运行远远不够，Hyper-V 还可确保虚拟机随时可用。

4.1.4 Hyper-V 对硬件的需求

(1)CPU 必须支持硬件虚拟化，需要具有虚拟化选项的特定 CPU，即包含 Intel VT(Vanderpool Technology)或 AMD Virtualization(AMD-V)功能的 CPU。需要注意的是，大多数系统默认关闭 CPU 的硬件虚拟化支持，因此应在服务器或工作站上打开 BIOS，然后查找高级处理器选项并启用处理器虚拟化，确保开启硬件虚拟化等参数，以提升虚拟机的性能。

(2)CPU 必须具备硬件 DEP(数据执行保护)功能。和处理器虚拟化类似，DEP 避免了在内存中执行潜在威胁的代码。用户可以在 BIOS 设置中的高级处理器选项下的安全设置里启用处理器 DEP。

(3)CPU 必须支持 64 位运算。

(4)内存最低限度为 2 GB。

4.2 虚拟化服务器的安装

4.2.1 Hyper-V 安装前的准备

(1)打开 VMware Workstation，右键单击虚拟机【Windows Server 2012】，在弹出的菜单中单击【设置】，如图 4-1 所示。

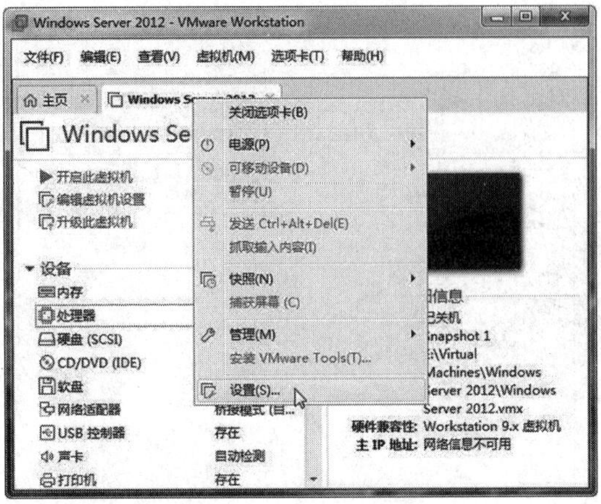

图 4-1　设置虚拟机

(2)在【虚拟机设置】窗口中，单击【硬件】选项卡，如图 4-2 所示，选择【内存】，设置虚拟机的内存容量为 2 GB。(注意：Hyper-V 对内存容量的最低要求为 2 GB，此处内存容量参数必须大于或等于 2 GB，且小于宿主主机内存容量)

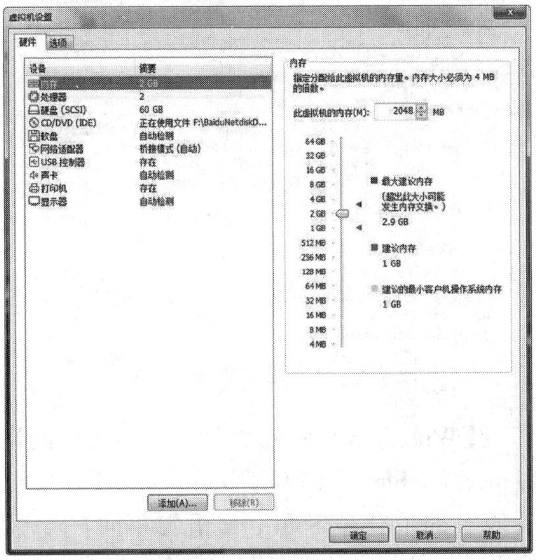

图 4-2　设置内存容量

(3)单击【处理器】，如图 4-3 所示，设置处理器数量为 2，每个处理器的内核数量为 1，勾选【虚拟化 Intel VT-x/EPT 或 AMD-V/RVI(V)】和【虚拟化 CPU 性能计数器】，单击【确定】按钮，完成虚拟机内存和 CPU 参数设置。

(4)打开虚拟机 Windows Server 2012 所在目录，如图 4-4 所示，用记事本工具打开【Windows Server 2012. vmx】文件。(注意：由于该文件是虚拟机的重要配置文件，在进行下一步之前，需要做好该文件的备份操作)

图 4-3　设置 CPU 参数

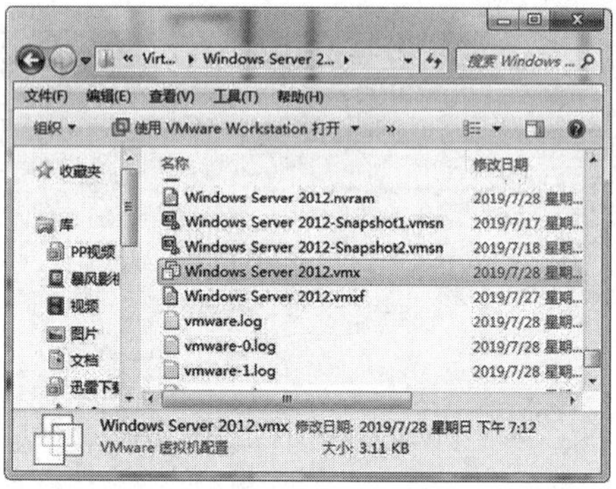

图 4-4　浏览虚拟机配置文件

(5)如图 4-5 所示，在【Windows Server 2012. vmx】文件的尾部添加：hypervisor. cpuid. v0＝"FALSE"和 mce. enable＝"TRUE"。在 vmx 文件中可能会存在上面中的配置语句，因此先要检查原有的配置是否和上面语句相同，若不相同则需要修改，把 vmx 文件中未出现的配置语句加到文件末尾，再保存文件退出。

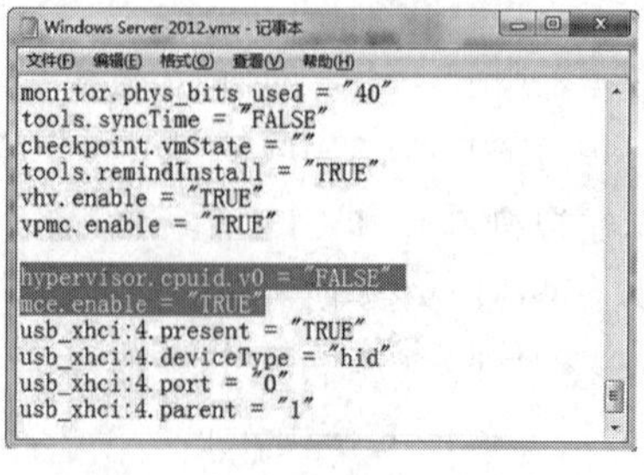

图 4-5　修改虚拟机配置文件

4.2.2 Hyper-V 角色和功能的安装

(1)在 Windows Server 2012 中选择【开始】→【服务器管理器】，打开【服务器管理器】窗口，单击【添加角色和功能】→【下一步】按钮，在选择安装类型中选择【基于角色或基于功能的安装】，然后单击【下一步】按钮，如图 4-6 所示，在服务器角色列表中选择【Hyper-V】，再单击【下一步】按钮。

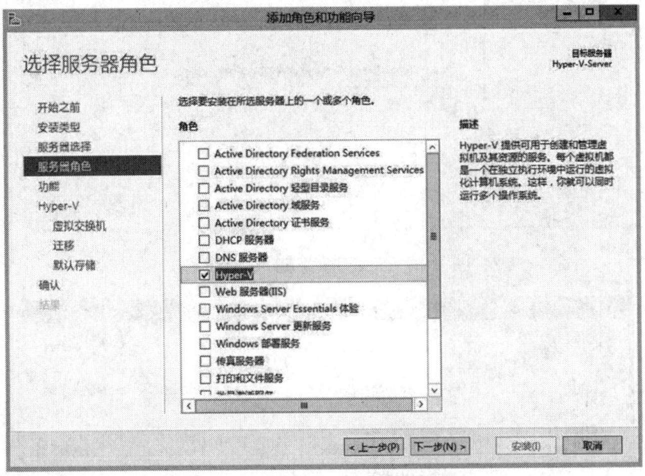

图 4-6 安装 Hyper-V 服务器角色

(2)在创建虚拟交换机窗口中，勾选【以太网】网络适配器，如图 4-7 所示，然后单击【下一步】按钮。

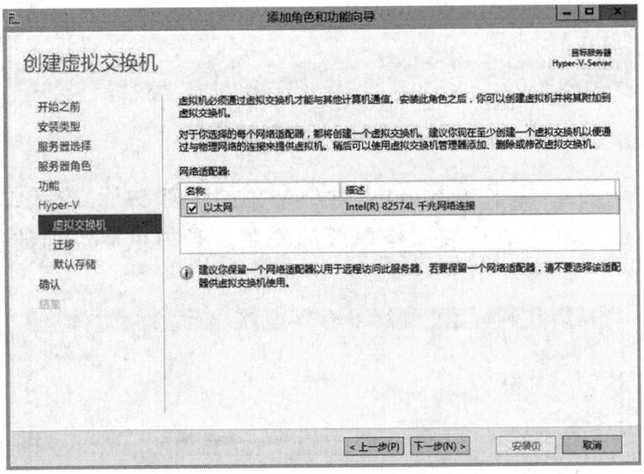

图 4-7 选择以太网适配器

(3)在创建虚拟交换机窗口中，勾选【允许此服务器发送和接收虚拟机的实时迁移】，选择【使用凭据安全支持提供程序(CredSSP)】，如图 4-8 所示，然后单击【下一步】按钮。

(4)如图 4-9 所示，单击【浏览】按钮，依次选择虚拟硬盘文件和虚拟机配置文件的存储位置，然后单击【下一步】按钮。

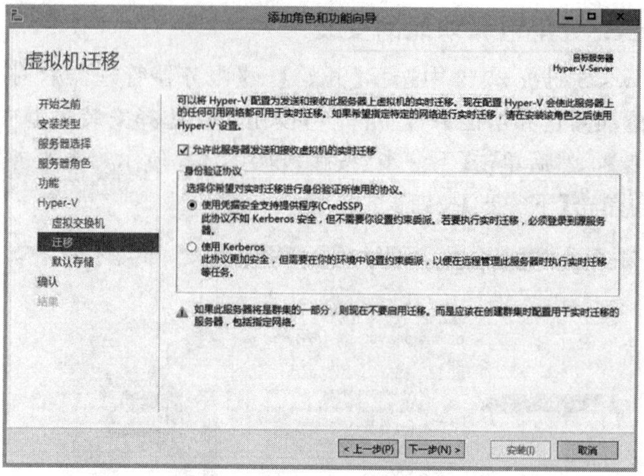

图 4-8　允许服务器实时迁移

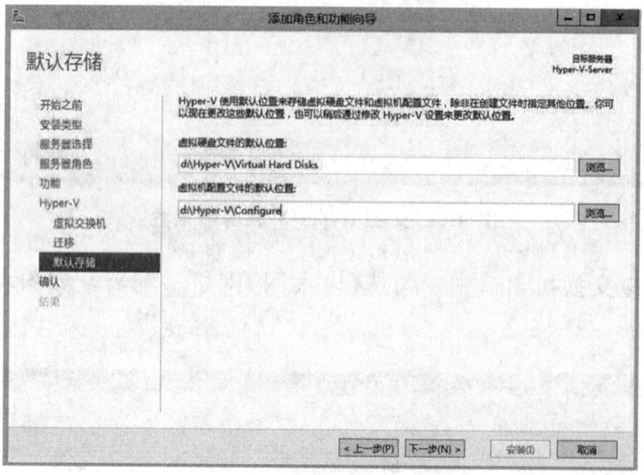

图 4-9　设置存储位置

(5)如图 4-10 所示，待服务器角色(Hyper-V 的全部功能)安装结束后，单击【关闭】按钮。为了能够顺利完成后续操作系统的安装，必须重启当前的 Windows Server 2012 服务器。

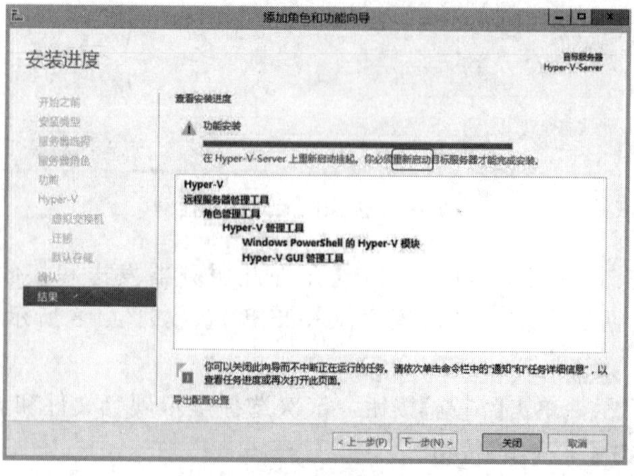

图 4-10　Hyper-V 安装完毕

4.2.3 在 Hyper-V 中添加 Windows 服务器

(1)系统重新启动后，单击【开始】→【服务器管理器】→【工具】→【Hyper-V 管理器】，再单击【操作】面板上的【新建】按钮，如图 4-11 所示。

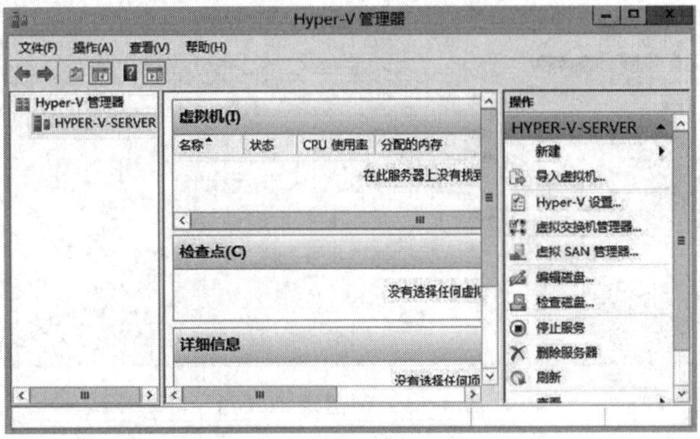

图 4-11 新建虚拟机

(2)如图 4-12 所示，在【指定名称和位置】窗口中，输入第一台虚拟机的名称【WEB-SERVER】，勾选【将虚拟机存储在其他位置】，单击【浏览】按钮，为虚拟机选择存储位置，这里将其存储在【D:\Hyper-V\WEB-SERVER】中。

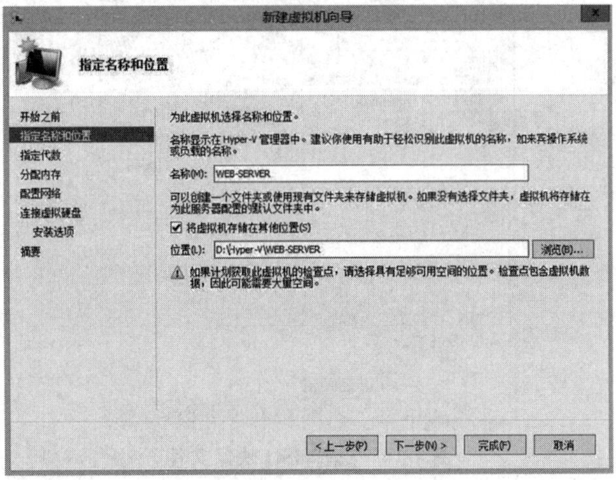

图 4-12 指定虚拟机存储位置

(3)在【指定代数】窗口中，勾选【第一代】，单击【下一步】按钮；在【分配内存】窗口中，输入启动内存大小，这里内存设置为 256 MB，单击【下一步】按钮；在【配置网络】窗口中，为虚拟机选择网络适配器；在如图 4-13 所示的【连接虚拟硬盘】窗口中，选择【创建虚拟硬盘】选项，单击【浏览】按钮为虚拟机创建 VHDX 动态扩展虚拟硬盘，磁盘容量为 40 GB。

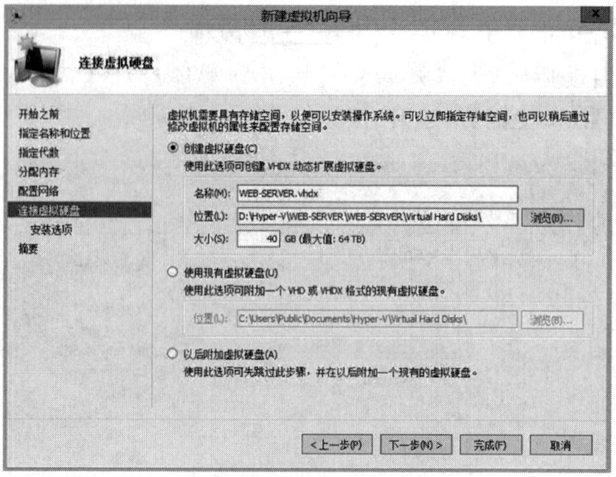

图 4-13　创建虚拟硬盘

(4)返回到 VMware 界面，右键单击【Windows Server 2012】，在【硬件】选项卡中单击【CD/DVD(IDE)】，在右侧【连接】选项卡中选择【使用 ISO 映像文件】，单击【浏览】按钮，选择 Windows Server 2012 的安装镜像文件(扩展名为 .iso)，同时勾选右侧【设备状态】选项卡中的【已连接】和【启动时连接】，具体设置如图 4-14 所示。

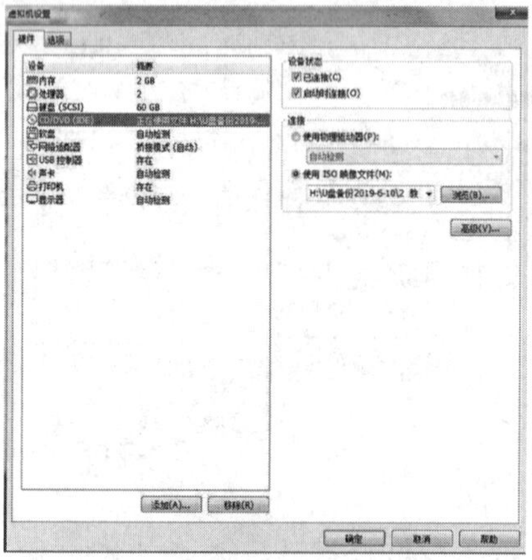

图 4-14　选择 ISO 映像文件

(5)再次进入 Windows Server 2012 的【新建虚拟机向导】界面，如图 4-15 所示，在【安装选项】窗口中选择【从可启动的 CD/DVD-ROM 安装操作系统】和【物理 CD/DVD 驱动器】，单击【下一步】按钮，进入操作系统的安装流程。

(6)如图 4-16 所示，在 Hyper-V 管理器中，Windows Server 2012 这台 WEB-SERVER 服务器已经安装完成。

按照上述同样的方法，可以再安装一台虚拟机，将其作为文件服务器。在“虚拟机”窗口中，可以看到两台虚拟机的运行状态、CPU 使用情况以及内存的占用情况。(注意：在安装第二台虚拟机时，需要将第一台虚拟机的光驱弹出(资源释放)，避免资源独占而导致安装失败等问题)

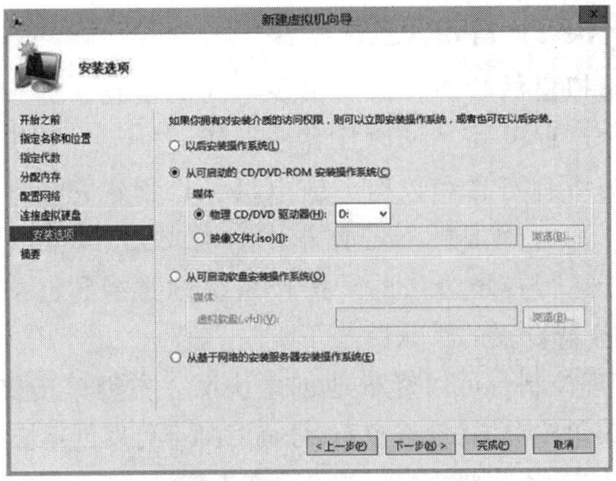

图 4-15　设置安装文件来源

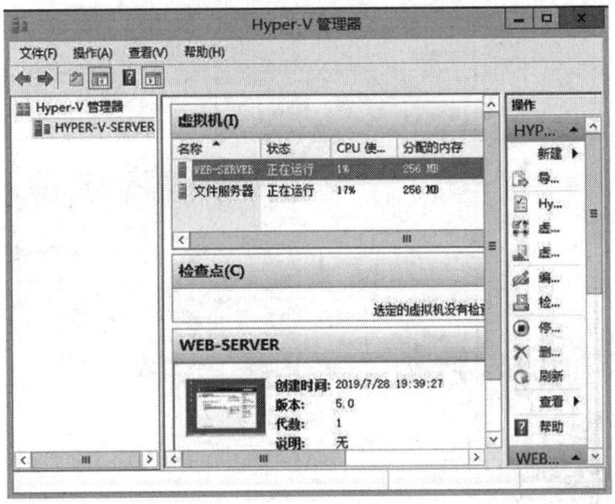

图 4-16　虚拟机运行状态

(7)依次进入 WEB-SERVER 服务器和文件服务器，IP 地址分别设置为 192.168.169.128 和 192.168.169.129；在文件服务器上运行网络命令，测试与 WEB-SERVER 服务器的连通性，结果如图 4-17 所示。

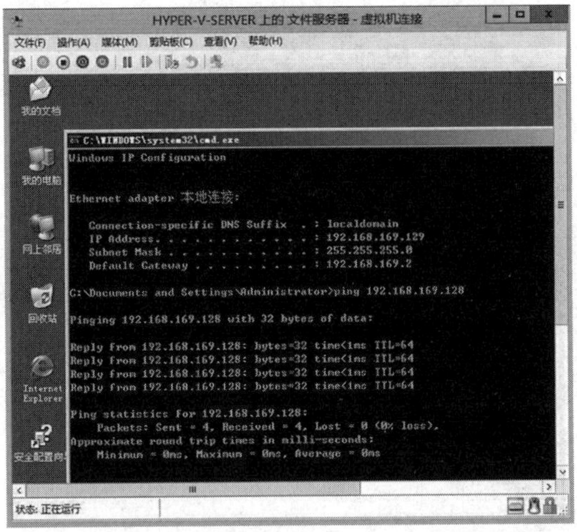

图 4-17　虚拟机之间网络连通性测试

4.2.4 使用 Hyper-V 备份/还原虚拟机

为了完整地记录虚拟机的状态，需要很多不同的信息。尽管可以手动备份所有必需文件和设置，但这个过程极其漫长而且容易出错。Hyper-V 快照包含了虚拟机返回到之前某时间点所需的所有信息和数据，虚拟机一旦创建完毕即可创建快照。通常快照创建过程只需几秒，而且虚拟机不需暂停、停止或关闭。快照是由 Hyper-V 创建、执行的，它完全独立于运行在子分区的子操作系统的类型和性能。快照相关文件会自动储存到 Hyper-V 服务器设置的默认路径下。

(1)在 Hyper-V 管理控制台可以轻松地创建快照。右键单击要备份的虚拟机“WEB-SERVER”，在弹出的菜单中单击【检查点】，任何时刻都可以创建快照，它会自动嵌入该虚拟机的即时状态浏览树结构中。如图 4-18 所示，在当前状态下生成了一个检查点(备份点)。

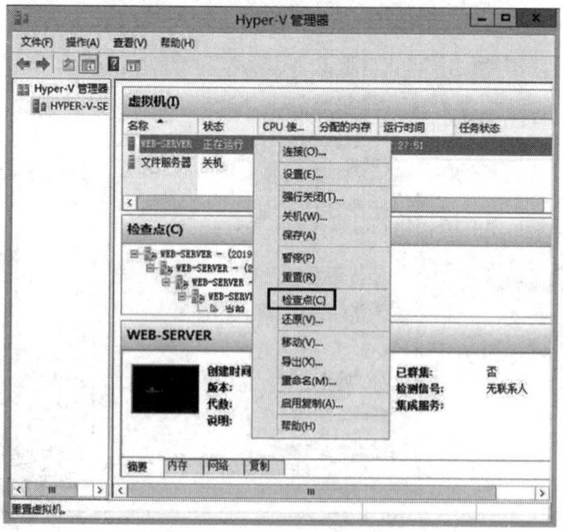

图 4-18 为虚拟机创建检查点

(2)如图 4-19 所示，在快照属性中可以查看快照的详细信息，在备份点创建完成后，如果需要操作系统恢复至某个时刻的状态，可以右键单击备份点，在弹出的菜单中单击【应用】，虚拟机会根据不同时间点创建的快照点还原到快照时间点状态。

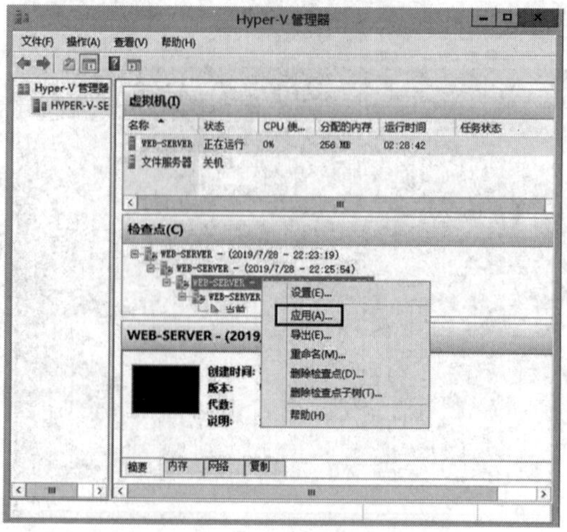

图 4-19 选择虚拟机的检查点

(3)单击【应用】后，会弹出如图4-20所示的对话框，如果选择【创建检查点并应用】，则Hyper-V将首先对当前的系统状态进行备份(生成检查点)，再还原至检查点；如果选择【应用】，则Hyper-V不会对虚拟机的当前状态进行保存，而是直接对其进行还原。

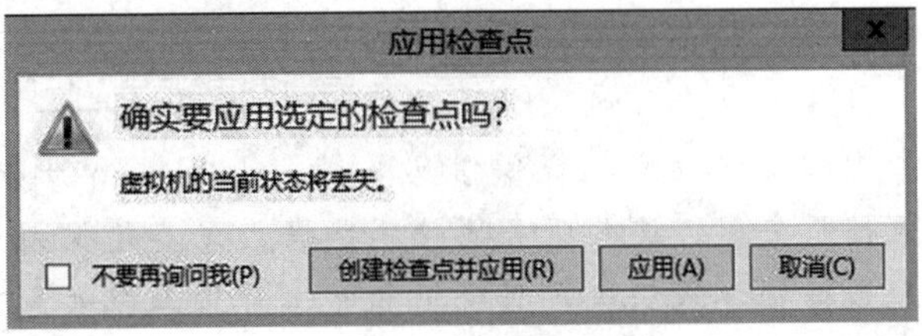

图4-20　应用检查点

第 5 章　RAID 技术

项目任务

某高校信息服务中心负责为全校提供信息服务，包括 Web 服务器、邮件服务器、资源服务器、视频点播服务器，这些服务器使用频繁，尤其是视频点播服务器中包含大量教学视频，一旦数据损坏或丢失，将会给教学工作带来极大影响。为了保证这些服务器的正常运行，数据的备份和恢复工作就显得尤为重要。作为网络管理人员应具备服务器的备份与还原能力，保证服务器的稳定运行。

项目目标

- 掌握 Windows Server 2012 RAID 的配置与管理，能够根据需要熟练设置 RAID-0、RAID-1、RAID-5。
- 掌握 Windows Server 2012 中 RAID-1、RAID-5 的修复技术。

5.1　Windows Server 2012 中的 RAID 管理

5.1.1　RAID-0、RAID-1、RAID-5 简介

RAID 是独立磁盘的冗余阵列(Redundant Array of Independent Disks)的简称，RAID 通过数据冗余提供容错功能。

RAID 的实现分为硬件 RAID 与软件 RAID。利用硬件实现 RAID 时，需依靠硬件制造商的相关技术支持，如使用专用高速缓存技术在磁盘控制器接口创建冗余信息，该技术可以节省服务器 CPU 和操作系统的资源，使网络服务器的性能获得较大的提高，因此硬件 RAID 性能要比软件 RAID 的实现效果好。在用软件实现 RAID 时，可由操作系统提供数据冗余机制，但由于是操作系统下实现 RAID，因此软件 RAID 不能保护系统盘。虽然用软件实现 RAID 有一定缺陷，但是当运行 I/O 增强应用程序，如文件服务器或应用程序服务器，可适当地使用软件 RAID。Windows Server 2012 操作系统支持三种类型 RAID，即 RAID-0、RAID-1 和 RAID-5，各 RAID 的数据存储结构如图 5-1 所示。

5.1.2　将基本磁盘转换为动态磁盘

Windows Server 2012 的软件 RAID 以动态磁盘为构建对象，本例将一个基本磁盘转换为动态磁盘，具体操作步骤如下。

(1)右键单击当前虚拟机系统标签，在弹出的菜单中选择【Settings】选项，如图 5-2 所示。

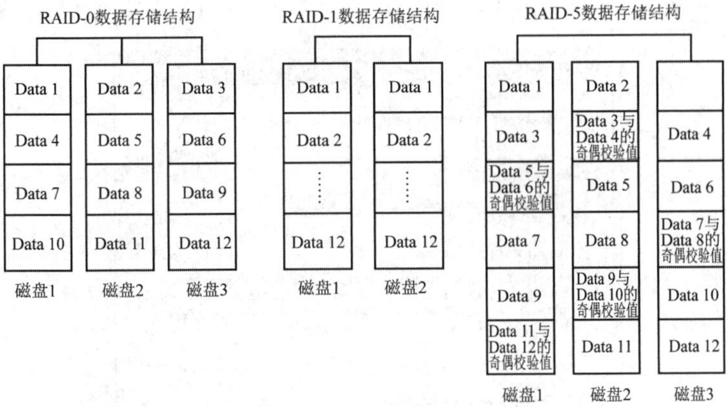

图 5-1 各 RAID 的数据存储结构

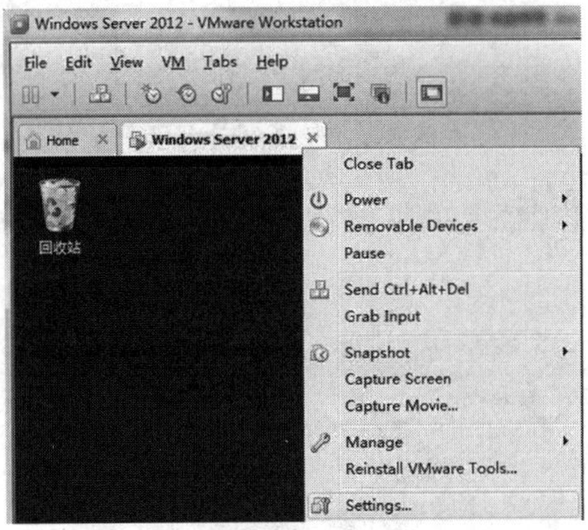

图 5-2 设置虚拟机

(2)依次选择【Add】→【Hard Disk】，如图 5-3 所示，然后单击【Next】按钮。

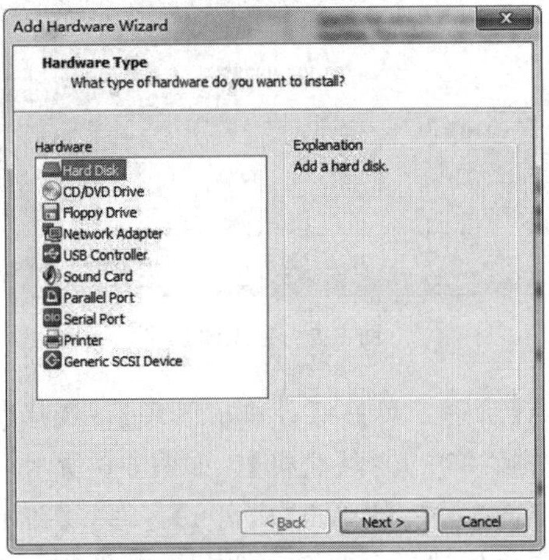

图 5-3 选择硬盘

(3)依次选择【Create a new virtual disk】→【SCSI】→【Next】，创建一个新的 SCSI

类型磁盘，设置磁盘大小为 4 GB，如图 5-4 所示，设置完成后单击【Next】按钮。

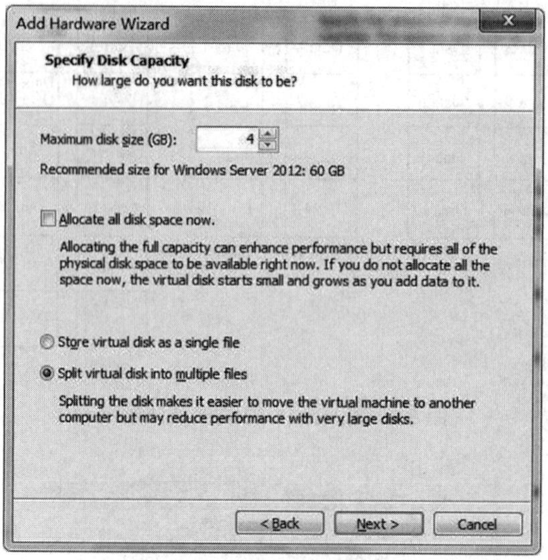

图 5-4　设置磁盘大小

(4)在图 5-5 中设置虚拟磁盘的存储路径及名称，设置好后单击【Finish】按钮完成添加。

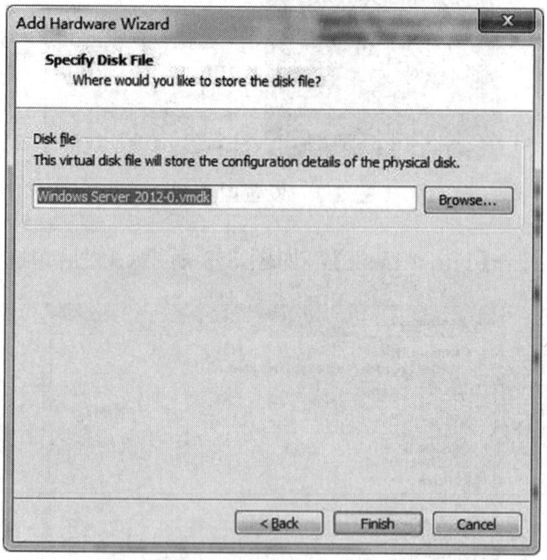

图 5-5　完成添加

(5)依次单击【开始】→【管理工具】→【计算机管理】，选择【存储】→【磁盘管理】，右键单击【磁盘 1】，在弹出的菜单中选择【联机】，如图 5-6 所示。

(6)联机成功后，在图 5-7 中右键单击【磁盘 1】，选择【初始化磁盘】。

(7)在【初始化磁盘】界面中选择磁盘分区形式，如图 5-8 所示，设置完成后，单击【确定】按钮。

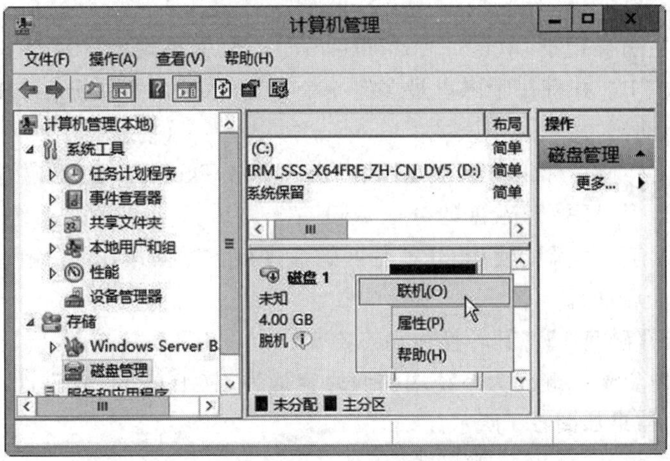

图 5-6　联机

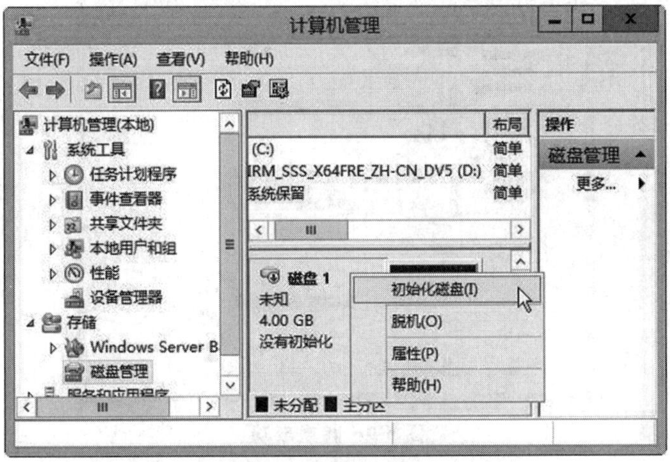

图 5-7　初始化新磁盘

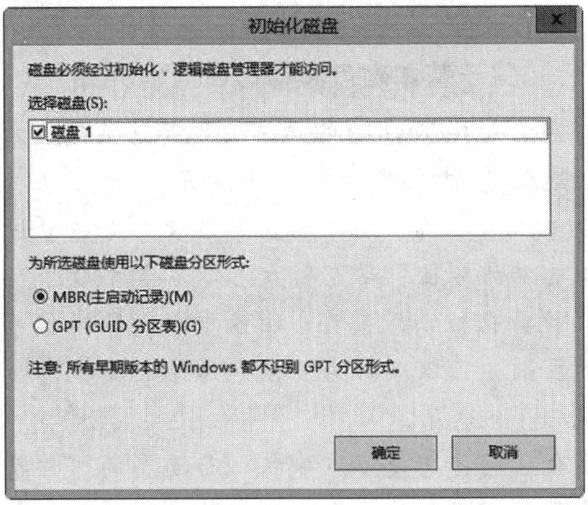

图 5-8　磁盘分区形式

注意：

• MBR：主引导记录(Master Boot Record)，也就是现有的硬盘分区模式。MBR支持最大卷为 2 TB，并且每个磁盘最多有 4 个主分区(或 3 个主分区、1 个扩展分区和无限制的逻辑驱动器)。

• GPT：全局唯一标识分区表(GUID Partition Table)。GPT 磁盘分区样式支持最大卷为 18 EB，并且每个磁盘的分区数没有上限，只受到操作系统限制(Windows Server 2012 的所有版本都能使用 GPT 分区磁盘进行数据操作，但只有基于 EFI 主板的系统支持从 GPT 启动)。

(8)右键单击【磁盘 1】将其转换为动态磁盘。

(9)重复上述步骤，继续为系统增加两块容量为 4 GB 的 SCSI 磁盘，并转换为动态磁盘，转换后的结果如图 5-9 所示。

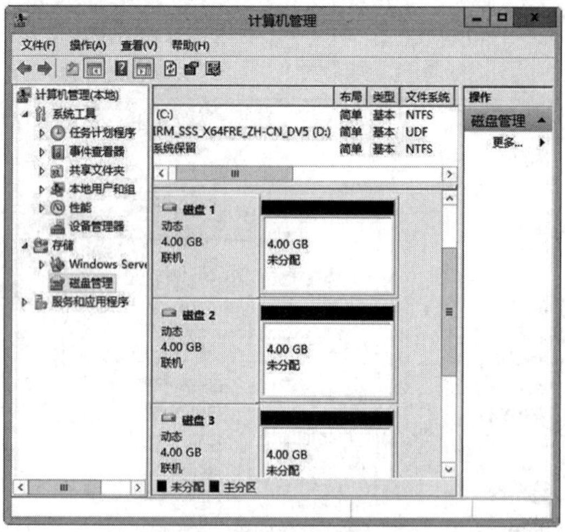

图 5-9 转换成功

知识链接

关于基本磁盘和动态磁盘的介绍

基本磁盘和动态磁盘是 Windows 中的两种硬盘配置类型。大多数个人计算机都配置为基本磁盘，该类型最易于管理。基本磁盘是一种可由 MS-DOS 和所有基于 Windows 操作系统访问的物理磁盘。基本磁盘可包含四个主分区，或三个主分区加一个具有多个逻辑驱动器的扩展分区。动态磁盘可以包含无数个“动态卷”，其功能与基本磁盘上使用的主分区的功能相似。在动态磁盘中，分区叫作卷。但是，在基本磁盘中分区和卷没有本质的区别，可以理解为分区和卷是一个概念。当转换到动态磁盘的时候，卷和分区就不是一个概念了。

基本磁盘管理硬盘分区的标志是基本联机，而动态的叫作动态联机。基本磁盘使用的是主分区、扩展分区和逻辑分区的方式管理硬盘，并且每个硬盘的分区都是单独物理硬盘的分区实体，不可以跨盘分区。分区符号用英文字母表示。动态磁盘是基本磁盘的升级模式，它不采用基本磁盘的分区形式。在动态磁盘中，卷又分简单卷、跨区卷、带区卷、镜像卷、RAID-5 卷。它的盘符一般是 DISK1、DISK2 等类似排序，不受字母排序限制，可以自己定义卷名称。它可以管理很多个卷，也可以将不同硬盘分到一个卷，实现共同管理数据。动态磁盘具有很高的数据管理容错能力。如果在 RAID-5 模式下，当某个硬盘出现故障，操作系统将自动读取另一个硬盘的数据，保证数据的安全性。而基本磁盘就没有如此高的数据保护能力，当硬盘损坏，系统就立刻崩溃，无法挽救系统。

5.1.3 创建带区卷(RAID-0)

RAID-0 也称为磁盘条带技术。卷中数据存储在两个或多个物理磁盘上构成条带卷，卷中数据均衡、交替地分布在阵列中的磁盘上，这种跨越一组磁盘分割数据的过程改进了磁盘的 I/O 性能，但并不提供容错功能。在 Windows Server 2012 可用的所有卷类型中，条带卷提供的性能最佳。RAID-0 的配置流程如下。

(1)右键单击动态【磁盘 1】，在弹出的菜单中选择【新建带区卷】，如图 5-10 所示。

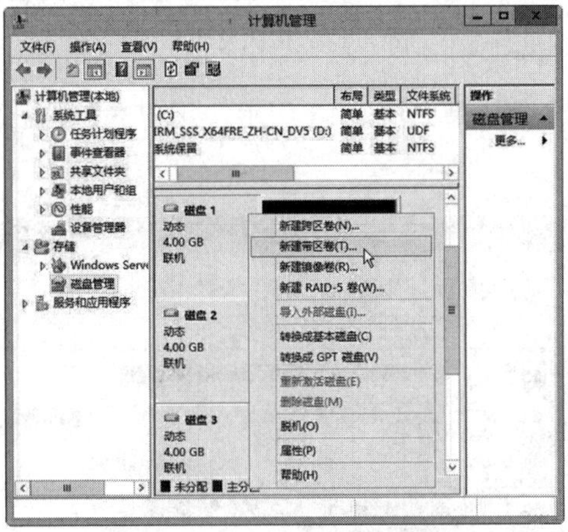

图 5-10 开始新建带区卷

(2)添加磁盘，设置空间容量，设置参数如图 5-11 所示，设置完成后单击【下一步】按钮。

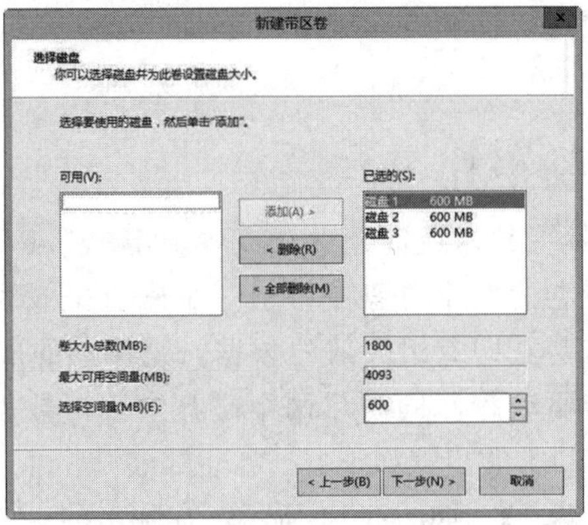

图 5-11 选择磁盘并设置大小

(3)给新添加的 RAID-0 卷分配驱动器号“E”，设置好后单击【下一步】按钮。

(4)在图 5-12 的【新建带区卷】窗口中，选择【执行快速格式化】选项，单击【下一步】按钮，执行快速格式化。

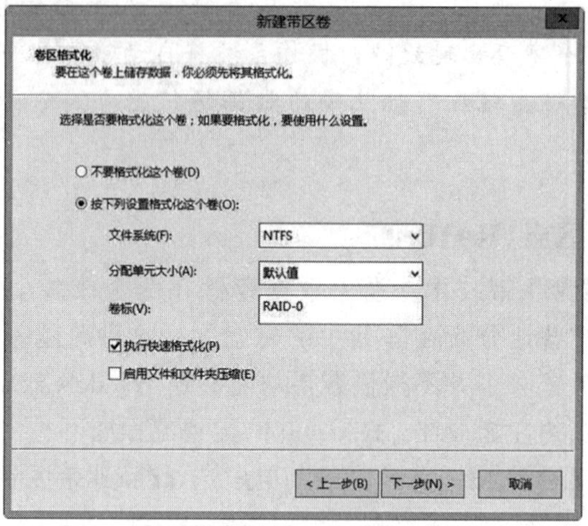

图 5-12　格式化卷区

(5)RAID-0 设置完成后结果如图 5-13 所示，用户在【磁盘管理】中可以看到新建立的带区卷“E”。

图 5-13　带区卷添加成功

5.1.4　创建镜像卷(RAID-1)

RAID-1 也称为磁盘镜像技术或镜像卷，该卷利用 Windows Server 2012 的容错功能，将相同的数据写入该卷的两个磁盘中，当一个磁盘失效时，系统可以自动切换到另一磁盘上读写，而不需要立即重组失效的数据。镜像卷的成本较高，磁盘仅有 50% 用于数据存储。由于容错驱动程序同时从两个磁盘中读写数据，其读性能较强，写性能有稍许降低。创建 RAID-1 的步骤如下。

(1)右键单击动态【磁盘 1】，如图 5-14 所示，在弹出的菜单中选择【新建镜像卷】。

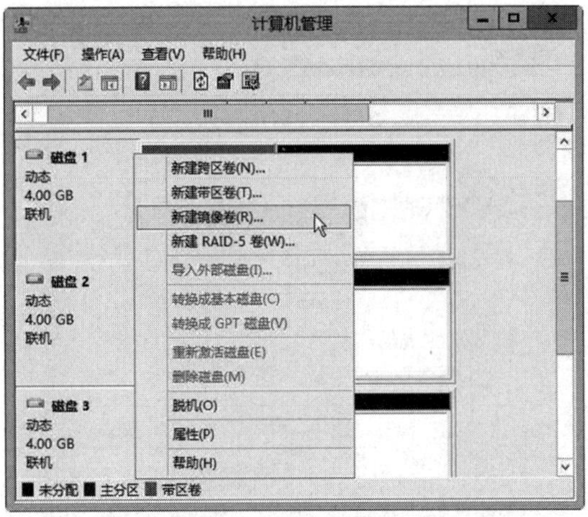

图 5-14　新建镜像卷

（2）添加磁盘，如图 5-15 所示，设置每个磁盘的空间容量为 1000 MB，单击【下一步】按钮。

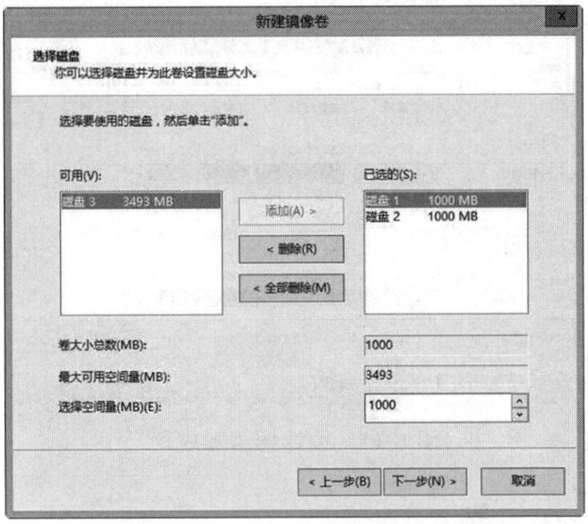

图 5-15　选择磁盘并设置大小

注意：由于镜像卷 RAID-1 的工作特点，会有 50％的空间作为镜像，配置 RAID-1 时应添加磁盘数为 $2n$（n 为整数且 $n \geqslant 1$）个。

（3）给新添加的 RAID-1 卷分配驱动器号"F"，设置好后单击【下一步】按钮。

（4）在图 5-16 的【卷区格式化】窗口中，选择文件系统格式，分配单元大小，输入卷标名称，再选择【执行快速格式化】并单击【下一步】按钮，执行快速格式化操作。

（5）如图 5-17 所示，RAID-1 建立完成后，在【磁盘管理】界面中可以看到新建立的镜像卷"F"。

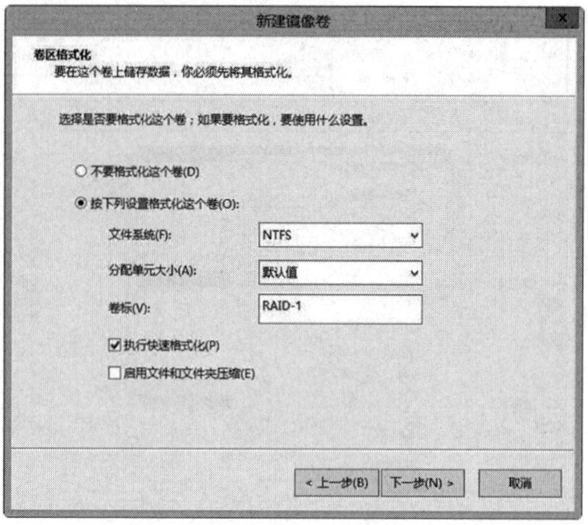

图 5-16　格式化卷区

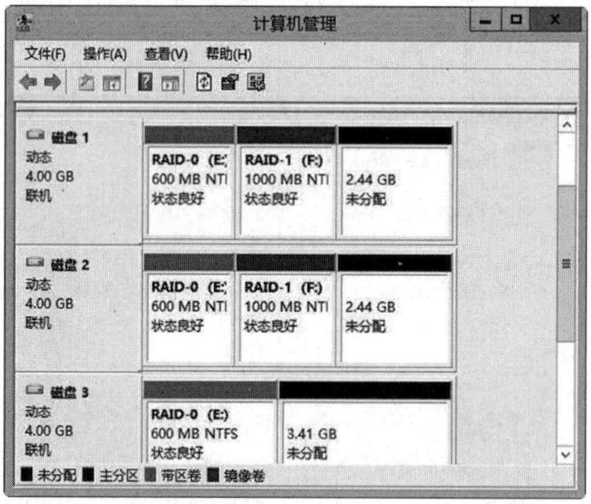

图 5-17　镜像卷添加成功

5.1.5　创建 RAID-5 卷

RAID-5 卷跨越阵列中所有磁盘共享数据，可实现容错功能，原因在于它在所有磁盘上都写入了奇偶校验信息，当一个数字或者一系列数字丢失后，可利用奇偶校验重新构造数据。Windows Server 2012 将数据块和它的奇偶校验信息安排在阵列中不同的磁盘上，来达到数据冗余的目的。因为涉及校验计算工作，RAID-5 卷除容错能力及磁盘利用率较高外，其读写性能都不高。创建 RAID-5 的步骤如下。

(1)右键单击动态【磁盘 1】，在弹出的菜单中选择【新建 RAID-5 卷】，如图 5-18 所示。

(2)添加磁盘，如图 5-19 所示，为磁盘设置空间容量，然后单击【下一步】按钮。

(3)在图 5-20 的【卷区格式化】窗口中，选择文件系统格式，分配单元大小，输入卷标名称，再选择【执行快速格式化】并单击【下一步】，执行快速格式化操作。

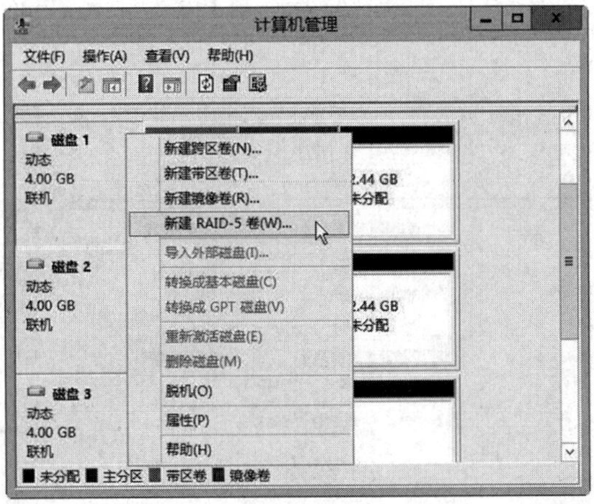

图 5-18 开始新建 RAID-5 卷

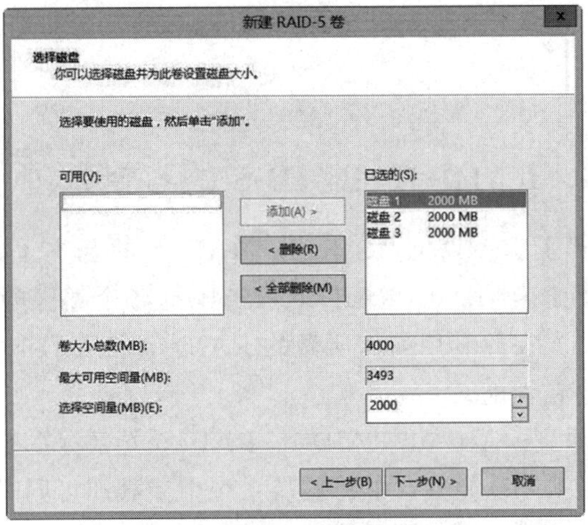

图 5-19 选择磁盘并设置大小

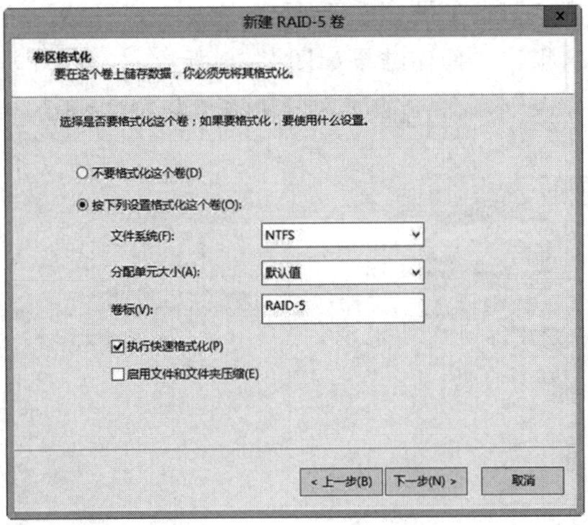

图 5-20 格式化卷区

(4)如图 5-21 所示，RAID-5 配置完成后，在【磁盘管理】界面中可以看到新建立的 RAID-5 卷。

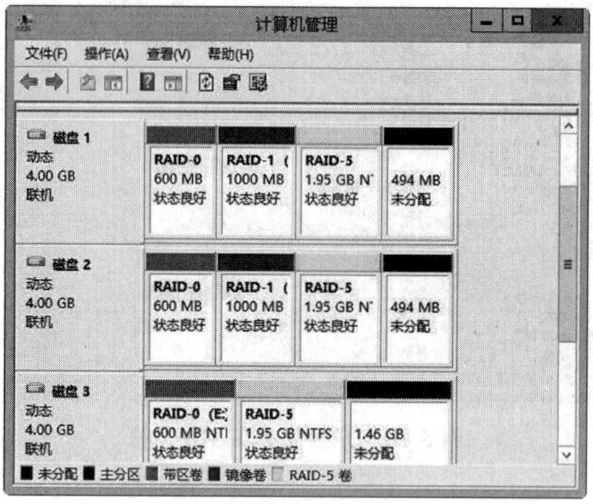

图 5-21　RAID-5 卷添加成功

5.2　RAID-0、RAID-1、RAID-5 的容错性能检测

目前我们已经了解了 RAID-0、RAID-1、RAID-5 的基本工作原理和基本配置方法，为了更进一步地了解 RAID-0、RAID-1、RAID-5 各个卷区的性能，需要对其做一些容错方面的性能检测，在此利用前面所做的 RAID-0、RAID-1、RAID-5 卷来分别检测 3 种 RAID 卷区的容错性能。

通过图 5-21 可以看到 RAID-0、RAID-1、RAID-5 卷区存在于 3 个动态磁盘上，其中磁盘 1 自身承担 3 种 RAID 模式，如将其从系统中卸载即可同时模拟 3 种 RAID 阵列硬件损坏，进而可对各 RAID 的容错能力进行对比测试，具体操作如下。

(1)依次单击【VM(虚拟机)】→【Settings(设置)】。

(2)选中动态【磁盘 1】所在硬盘【Hard Disk 2(SCSI)】，依次单击【Remove】→【OK】，完成【磁盘 1】的删除，操作结果如图 5-22 所示。

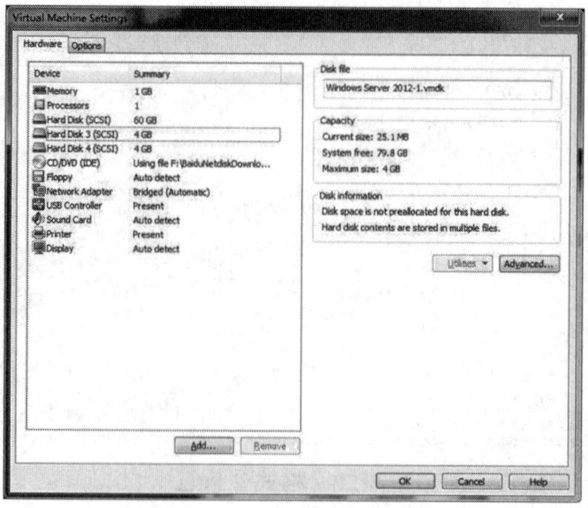

图 5-22　删除【磁盘 1】

(3)打开【磁盘管理】界面，如图 5-23 所示，可以看到【磁盘 1】已经丢失，同时 RAID-0 卷“E”盘已经不在，显示磁盘失败，而 RAID-1、RAID-5 卷区“F”盘、“G”盘显示有数据错误，但两个盘区仍然存在。

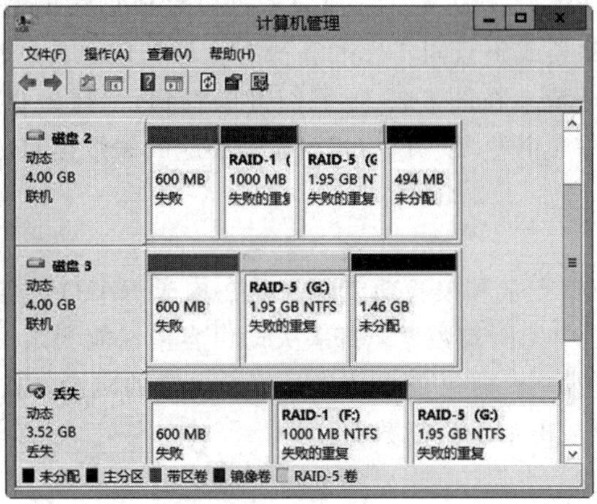

图 5-23　删除【磁盘 1】后各 RAID 情况

(4)打开【计算机管理】界面，如图 5-24 所示，可以发现“E”盘丢失，而“F”盘、“G”盘仍然存在，并且盘内的文件仍可正常使用。

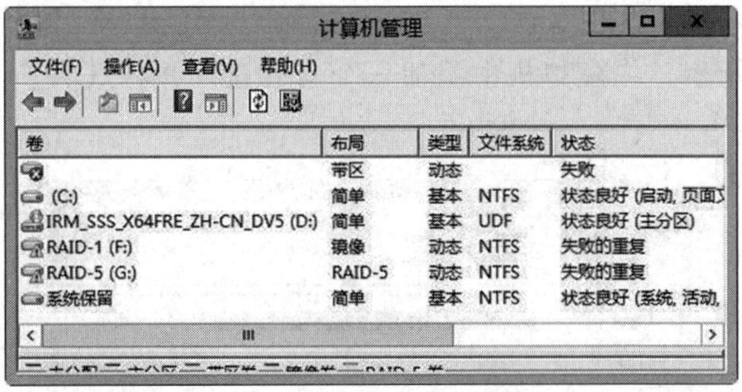

图 5-24　删除【磁盘 1】后计算机硬盘情况

总结：

- 通过上面的实例可以看到，当磁盘阵列中的磁盘发生损坏时，RAID-0 不具备容错能力，而 RAID-1、RAID-5 均具备容错能力。从安全性的角度来说，RAID-1、RAID-5 安全性要比 RAID-0 高。
- 结合 RAID-0、RAID-1、RAID-5 的工作原理，知道 RAID-0 的优点就是磁盘利用率高；RAID-1 因为要拿出一半磁盘用于镜像备份，因此磁盘利用率较低；而 RAID-5 的磁盘利用率在前两者之间，但是由于它的奇偶校验特性，其读写性能比较低。可以说 3 种 RAID 各有优缺点，具体应用的时候应根据实际情况决定用哪种 RAID 格式，也可以将 3 种 RAID 自由组合。

5.3 RAID-1、RAID-5 磁盘损坏后的数据恢复

在容错性能测试结束后，应及时添加新磁盘以完成后续的数据修复操作。数据修复过程中如出现误删除卷或磁盘同步失败等情况，可利用之前的快照将系统迅速还原，而不必重新构建实验环境。在图 5-23 中我们可以看到，当【磁盘 1】损坏时，RAID-0、RAID-1、RAID-5 所在 3 个卷“E、F、G”均显示相应的失败信息，在此基础上我们对 3 个卷进行修复。

1. RAID-0 的修复

RAID-0 不存在数据冗余和校验功能，因此在构成 RAID-0 的磁盘中，一个损坏的磁盘足以使得 RAID-0 中的所有数据全部丢失。由容错性能测试可知 RAID-0 不具备容错能力，RAID-0 一旦损坏，唯一的办法就是更换出错的磁盘，按前述方法重新创建新的 RAID-0，从备份盘或磁带上恢复数据。

2. RAID-1 的修复

RAID-1 的数据是镜像存储，该存储方式可保证构成镜像卷的磁盘互为备份，它为数据提供了 100%的冗余备份，一个磁盘损坏，另一个磁盘的数据依然完整。根据传输速度与容错能力测试可知，虽然此时系统的“读能力”严重下降，仅相当于单一磁盘时的工作效率，但仍能勉强保证系统的正常运行。

RAID-1 的修复操作如下。

(1)如图 5-25 所示，在虚拟机中添加一个新硬盘，并将其转换为动态磁盘，方法同前。

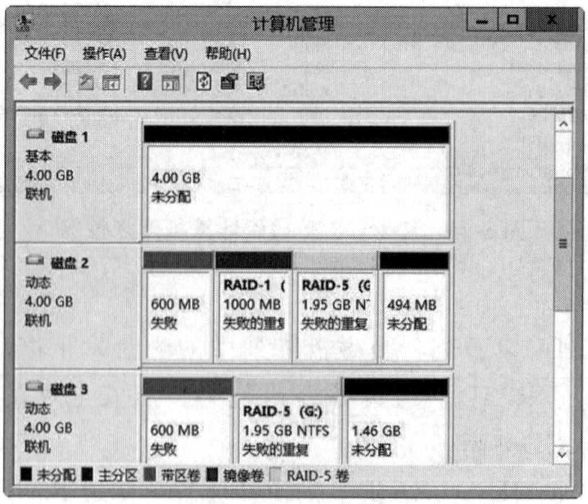

图 5-25 添加一个新的磁盘

(2)右键单击【磁盘 2】的 RAID-1 卷“F”，如图 5-26 所示，依次选择【删除镜像】→【丢失】→【删除镜像】。

(3)右键单击【磁盘 2】的 RAID-1 卷“F”，如图 5-27 所示，依次选择【添加镜像】→【磁盘 1】→【添加镜像】。

(4)修复结果如图 5-28 所示。

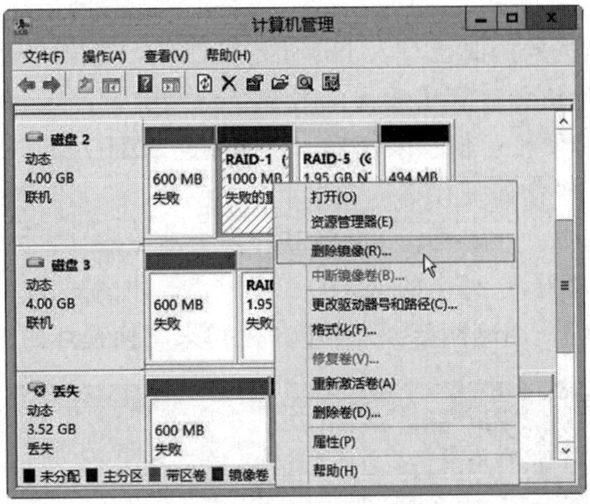

图 5-26 删除丢失镜像

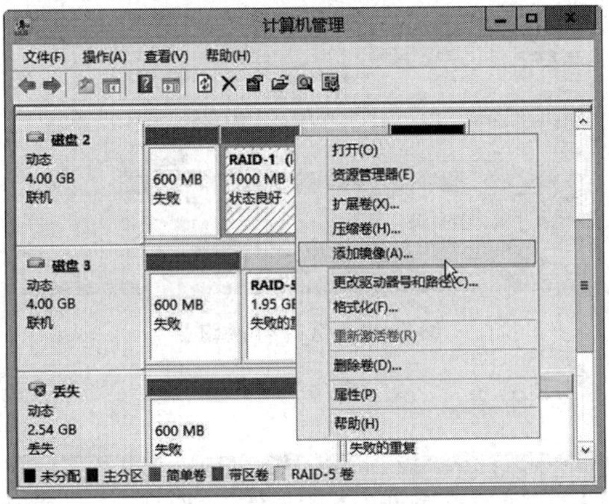

图 5-27 添加镜像

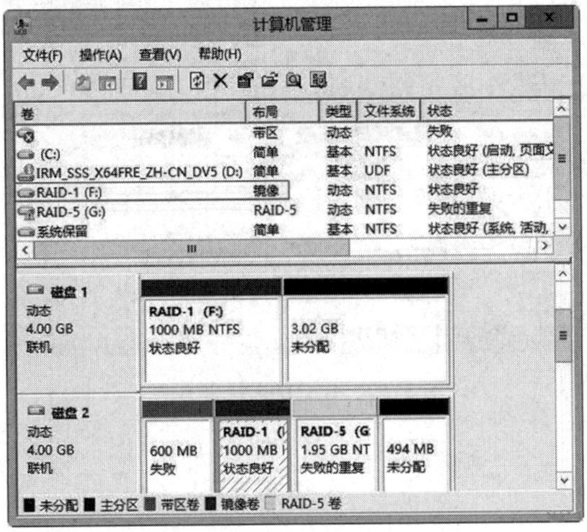

图 5-28 RAID-1 修复成功

3. RAID-5 的修复

RAID-5 在写入数据的同时也写入了奇偶校验信息，当某一磁盘出错时，系统能够根据其他磁盘中的校验信息计算出丢失的数据。但当有两个及两个以上的磁盘同时失败时，数据就不能靠奇偶校验信息来恢复，只能重建 RAID-5 并从其他存储介质上恢复数据。RAID-5 的修复操作如下。

(1)在虚拟机中添加一个新硬盘，并将其转换为动态磁盘，方法同前。

(2)右键单击动态【磁盘 2】上的 RAID-5 卷“G”，如图 5-29 所示，依次选择【修复卷】→【磁盘 1】→【确定】，用刚刚新添加的【磁盘 1】来替换损坏的 RAID-5 卷。

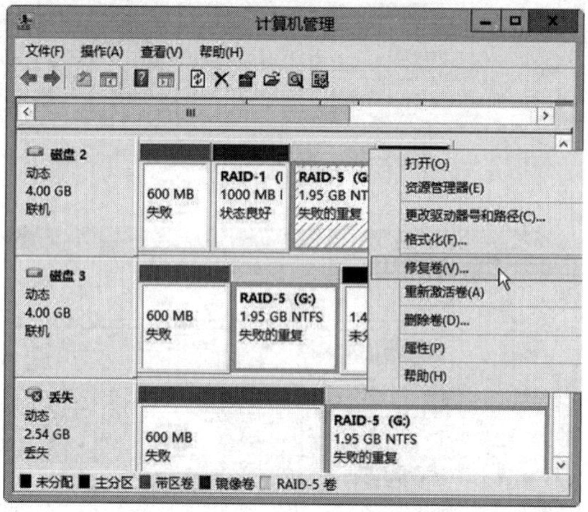

图 5-29 选择替换磁盘

(3)修复结果如图 5-30 所示。

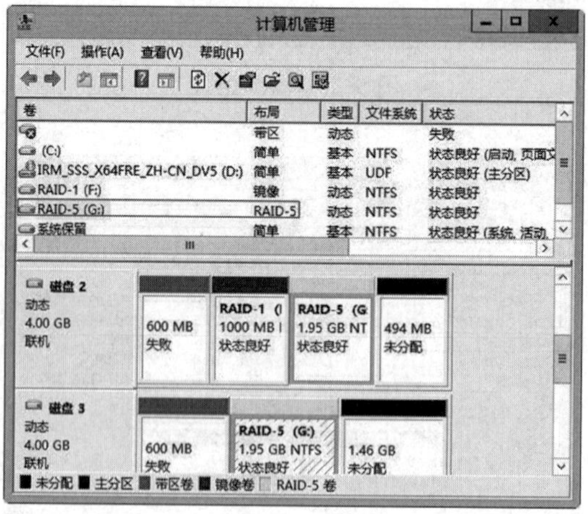

图 5-30 RAID-5 修复成功

第 6 章　解析 DNS 主机名

项目任务

某高校组建了校园网，网络中有很多台服务器，每个服务器必须分配一个唯一的 IP 地址。计算机在网络上通信时只能识别诸如 218.15.56.57 之类的数字地址，然而这种数字 IP 地址却不十分友好，用户很难通过 IP 地址与某个服务器提供的服务联系起来，也无法通过 IP 地址来记住众多的 Web 网点和 Internet 上的服务。解决的方法就是将 IP 地址映像为“友好”的主机名，如访问该校的邮件服务器网站可以使用 http://mail.gdsspt.edu.cn，即用容易记忆的域名来代替枯燥的数字所代表的网络服务器的 IP 地址，并且通过 DNS 服务器保存和管理这些域名与 IP 地址的映像关系。为了使校园网中的计算机简单、快捷地访问本地网络及 Internet 上的资源，需要在校园网中架设 DNS 服务器，用来提供域名和 IP 地址的转换功能。

项目目标

- 了解 DNS 的域名空间。
- 了解 DNS 服务器的功能。
- 掌握 DNS 服务器的安装。
- 掌握 DNS 区域的配置。
- 掌握 DNS 客户机的配置。
- 掌握 DNS 服务器的测试。
- 熟悉 DNS 服务器的管理。

6.1　DNS 概述

DNS 服务器是用于存储 Web 域名和 IP 地址、接受客户查询的计算机。DNS 在 Internet 网络或基于 TCP/IP 的网络中被广泛使用，主要用于提供主机名登记和主机名到地址转换的一组协议和服务。DNS 通过分布式名称解析数据库，为管理大规模网络中的主机名和相关信息提供了一种可靠、高效的应用。

6.1.1　DNS 定义

DNS 是域名系统(Domain Name System)的缩写，域名系统为 Internet 上的主机解析域名地址和 IP 地址。用户使用域名地址，该系统就会自动把域名地址转为 IP 地址。域名服务是运行域名系统的 Internet 工具。执行域名服务的服务器称之为 DNS 服务器，通过 DNS 服务器来应答域名服务的查询。

6.1.2　DNS 命名空间简介

Internet 上的 DNS 命名空间采用树状层次结构，整个 DNS 结构设计成如图 6-1 所示的 5 层结构，该图显示了顶级域的域名空间及下一级子域之间的树形结构关系，每一个结点以及其下的所有结点叫作一个域，域可以有主机(计算机)和其他域(子域)。在该图中，www. dqx. gdsspt. cn 就是一个主机，而 dqx. gdsspt. cn 则是一个子域。一般在子域中会含有多个主机，gdsspt. cn 子域下就含有 jxx. gdsspt. cn、jsjx. gdsspt. cn 两台主机。

(1)根域：代表域名命名空间的根，用圆点(.)表示，这里为空。

(2)顶级域：直接处于根域下面的域，代表一种类型的组织或一些国家。在 Internet 中，顶级域由 InterNIC(Internet Network Information Center，国际互联网络信息中心)进行管理和维护。

(3)二级域：在顶级域下面，用来标明顶级域以内的一个特定的组织。在 Internet 中，二级域也是由 InterNIC 负责管理和维护。

(4)子域：在二级域的下面所创建的域，它一般由各个组织根据自己的需求与要求，自行创建和维护。

(5)主机：是域名命名空间中的最下面一层，它被称之为完全合格的域名(Fully Qualified Domain Name，FQDN)。

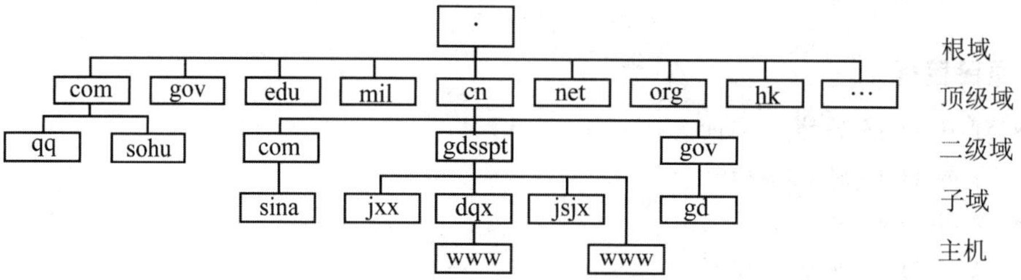

图 6-1　DNS 域名空间

6.1.3　DNS 服务器类型

DNS 服务器用于实现 DNS 名称和 IP 地址的双向解析。在网络中，主要有 4 种类型的 DNS 服务器：主 DNS 服务器、辅助 DNS 服务器、转发 DNS 服务器和唯缓存 DNS 服务器。

1. 主 DNS 服务器

主 DNS 服务器是特定 DNS 域所有信息的权威性信息源。它从域管理员构造的本地数据库文件中加载域信息，该文件包含该服务器具有管理权的 DNS 域的最精确信息。

2. 辅助 DNS 服务器

辅助 DNS 服务器可以从主 DNS 服务器中复制一整套域信息。区域文件是从主 DNS 服务器中复制生成的，并作为本地文件存储在辅助 DNS 服务器中。这种复制称为“区域复制(Zone Transfer)”。在辅助 DNS 服务器中存有一个域的所有信息的完整只读副本，因此无法进行更改，所有针对区域文件的更改必须在主 DNS 服务器上进行。在实际应用中，辅助 DNS 服务器主要用于均衡负载和容错。如果主 DNS 服务器出现故障，可以根据需要将辅助 DNS 服务器转换为主 DNS 服务器。

3. 转发 DNS 服务器

转发 DNS 服务器可以向其他 DNS 服务器转发解析请求。当 DNS 服务器收到客户机的解析请求后，它首先会尝试从本地数据库中查找，若未能找到，则需要向其他指定的 DNS 服务器转发解析请求，其他 DNS 服务器完成解析后会返回解析结果。在缓存期内，如果客户请求解析相同的名称，则转发 DNS 服务器会立即回应客户机；否则，将会再次发生解析的过程。当前网络中所有的 DNS 服务器均被配置为转发 DNS 服务器，向指定的其他 DNS 服务器或根域服务器转发自己无法完成的解析请求。

4. 唯缓存 DNS 服务器

唯缓存 DNS 服务器可以提供名称解析服务器，但它没有任何本地数据库文件。唯缓存 DNS 服务器必须同时是转发 DNS 服务器，它将客户机的解析请求转发给指定的远程 DNS 服务器，并从远程 DNS 服务器取得每次解析的结果，并将该结果存储在 DNS 缓存中，以后收到相同的解析请求时就用 DNS 缓存中的结果。所有的 DNS 服务器都按这种方式使用缓存中的信息，但唯缓存 DNS 服务器则依赖于这一技术实现所有的名称解析。唯缓存 DNS 服务器并不是权威性的服务器，因为提供的所有信息都是间接信息。

在实际使用 DNS 服务器的过程中，我们可以根据实际需要将上述几种 DNS 服务器结合，进行合理搭配，所有的主 DNS 服务器均可使用 DNS 唯缓存机制响应解析请求，以提高解析效率。一些域的主 DNS 服务器可以是另一个域的辅助 DNS 服务器。一个域只能部署一个主 DNS 服务器，它是该域的权威性信息源。另外，至少应部署一个辅助 DNS 服务器，将其作为主 DNS 服务器的备份。配置唯缓存 DNS 服务器可以减轻主 DNS 服务器和辅助 DNS 服务器的负载，从而减少网络传输。

6.1.4 DNS 查询工作原理

在 DNS 服务器的 DNS 数据库中，保存着主机名与 IP 地址的对应关系，可以使用以下 3 种方式进行 DNS 查询。

(1)客户机使用历史查询获得的缓存信息，在客户机主机中进行自应答查询。

(2)利用 DNS 服务器上存储的资源记录缓存信息来应答查询。

(3)有 DNS 服务器代表请求客户机查询，或联系其他 DNS 服务器，以便完成解析该名称，并将应答返回至客户机。

在这一过程中，还可以进一步分为递归和迭代两种查询方式。

递归查询，是指 DNS 客户机发出查询请求后，如果 DNS 服务器内没有所需的数据，则 DNS 服务器会代替客户机向其他的 DNS 服务器进行查询。在这种方式中，DNS 服务器必须向 DNS 客户机作出回答。DNS 客户机的浏览器与本地 DNS 服务器之间的查询通常是递归查询，客户机程序送出查询请求后，如果本地 DNS 服务器内没有需要的数据，则本地 DNS 服务器会代替客户机向其他 DNS 服务器进行查询，本地 DNS 会将最终结果返回给客户机程序。因此从客户机来看，它是直接得到了查询的结果。

迭代查询多用于 DNS 服务器与 DNS 服务器之间的查询方式。它的工作过程是：当第一台 DNS 服务器向第二台 DNS 服务器提出查询请求后，如果在第二台 DNS 服务器内没有所需要的数据，则它会提供第三台 DNS 服务器的 IP 地址给第一台 DNS 服务器，让第一台 DNS 服务器直接向第三台 DNS 服务器进行查询。依此类推，直到找到所需的数据为止。如果到最后一台 DNS 服务器中还没有找到所需的数据，则通知第一台 DNS 服务器查询失败。因此，可以将 DNS 查询过程总结为：DNS 客户机需要查询程序中使用的名称时，会先从客户机开始查询，并传送至 DNS 客户服务程序进行解析，如果不能就地解析查询，则根据需要通过 DNS 服务器解析名称。下面详细介绍 DNS 域名解析的过程(图 6-2)。

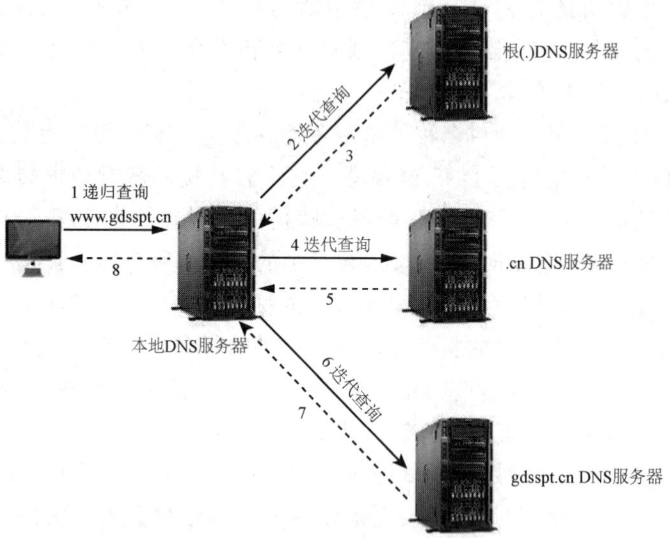

图 6-2　DNS 域名解析过程

以查询 www. gdsspt. cn 地址的 IP 为例，具体操作步骤如下。

(1) 当在客户机的 Web 浏览器中输入某 Web 站点的域名，如 http://www. gdsspt. cn，Web 浏览器会将域名解析请求交给本地计算机。

(2)客户机首先查询本机域名缓存，其中存储的是之前本机访问的域名和 IP 地址的对应关系。

(3)若本机域名缓存中存在相匹配的记录，则将域名解析结果反馈给 Web 浏览器。

(4)若本机域名缓存中不存在相匹配的记录，则用户计算机将域名解析请求发送给本地 DNS 服务器，询问 www. gdsspt. cn 的 IP 地址。

(5)本地 DNS 服务器在自己建立的域名数据库中查找是否与 www. gdsspt. cn 相匹配的记录。域名数据库存储的是 DNS 服务器自身能够解析的资料。

(6)如果在域名数据库中存在相匹配的记录，则 DNS 服务器将查询结果反馈给客户机。

(7)如果在域名数据库中不存在相匹配的记录，则 DNS 服务器将访问域名缓存。域名缓存存储的是从其他 DNS 服务器转发的域名解析结果。

(8)域名缓存将查询结果反馈给 DNS 服务器，若域名缓存中查询到指定的记录，则 DNS 服务器将查询结果反馈给客户机。

(9)若在域名缓存中也没有查询到指定的记录，则按照 DNS 服务器的设置转发域名解析请求到其他 DNS 服务器上进行查找。

(10)其他 DNS 服务器将查询结果反馈给 DNS 服务器。

(11)DNS 服务器将查询结果反馈给客户机。

(12)客户机将域名解析结果反馈给 Web 浏览器。若反馈成功，Web 浏览器就按指定 IP 地址访问 Web 站点，否则将提示网址无法解析或不可访问的信息。

6.2 DNS 的基本部署

6.2.1 架设 DNS 服务器

1. 架设需求

(1)使用提供 DNS 服务器的 Windows Server 2012 服务器端操作系统。

(2)DNS 服务器的 IP 地址、子网掩码等 TCP/IP 参数应人为指定，否则将无法有效地为客户机提供名称解析。

2. 架设环境

在本例中预架设的 DNS 服务器如下。

(1)DNS 服务器：IP 地址为 192.168.1.109，计算机名为 GdssptServer 2012，采用 Windows Server 2012 操作系统。

(2)用户要访问的服务器：IP 地址为 192.168.1.130，采用 Windows Server 2012 操作系统。

(3)客户机：IP 地址为 192.168.1.110，采用 Windows Server 2012 操作系统。

3. 安装 DNS 服务器

在安装之前，首先应确定网络中是否已经安装了 DNS 服务器，如果是域控制器，应当已经安装 DNS 服务器，无须再安装。Windows Server 2012 系统默认情况下没有安装 DNS 服务器，因此管理员需要手动进行 DNS 服务器的安装操作。如果希望该 DNS 服务器能够解析 Internet 上的域名，还需保证该 DNS 服务器能正常连接 Internet。

使用服务器管理器安装 DNS 服务器的具体操作步骤如下。

(1)在服务器中选择【开始】→【管理工具】→【服务器管理器】命令，打开【服务器管理器】窗口，单击【添加角色和功能】，单击【下一步】按钮。

(2)在选择安装类型中选择【基于角色或基于功能的安装】，单击【下一步】按钮。

(3)在服务器角色列表中选择【DNS 服务器】，并选取默认的配套服务和功能，如图 6-3 所示，然后单击【下一步】按钮。

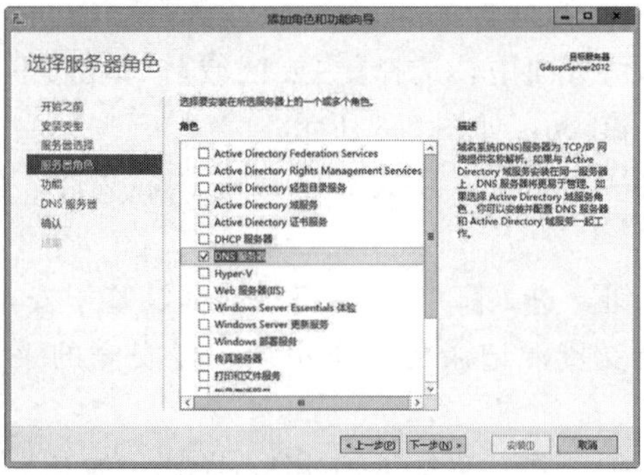

图 6-3　添加 DNS 服务器

(4)在【选择功能】中单击【下一步】按钮，在【DNS 服务器】中单击【下一步】按钮，在【确认安装所选内容】界面中单击【安装】按钮，开始 DNS 服务器的安装。

(5)DNS 服务器安装完成后会自动出现如图 6-4 所示的对话框，此时单击【关闭】按钮结束向导操作。

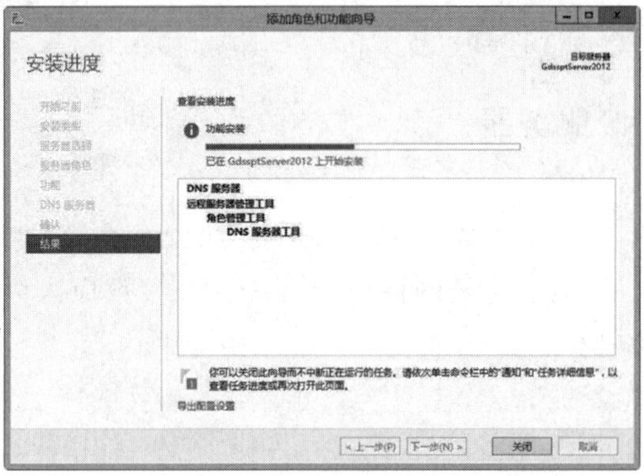

图 6-4　DNS 服务器安装

4. 主要 DNS 服务器配置

安装完 DNS 服务器之后，在管理工具中增加了一个【DNS】选项，管理员通过这个选项来完成 DNS 服务器的前期配置和后期的运行管理工作，具体的配置步骤如下。

(1)选择【开始】→【管理工具】→【DNS】命令，打开【DNS 管理器窗口】，选择【正向查找区域】→【新建区域】，如图 6-5 所示。

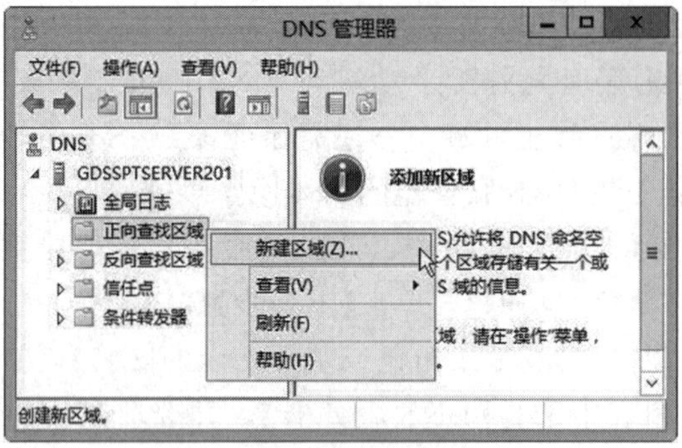

图 6-5　新建正向查找区域

(2)在【新建区域向导】页面中，选择【主要区域】，单击【下一步】按钮，在【区域名称】对话框中，输入 gdsspt. cn，如图 6-6 所示。

(3)在 DNS 服务器中，每一个区域都会对应一个文件，使用默认的文件名，即 gdsspt. cn. dns。

(4)单击【下一步】按钮，进入【动态更新】对话框，基于安全考虑，选中【不允许动态更新】单选按钮，不接受资源记录的动态更新，以安全的手动方式更新 DNS 记录。各选项功能如下。

①只允许安全的动态更新(适合 Active Directory 使用)：只有在安装了 Active

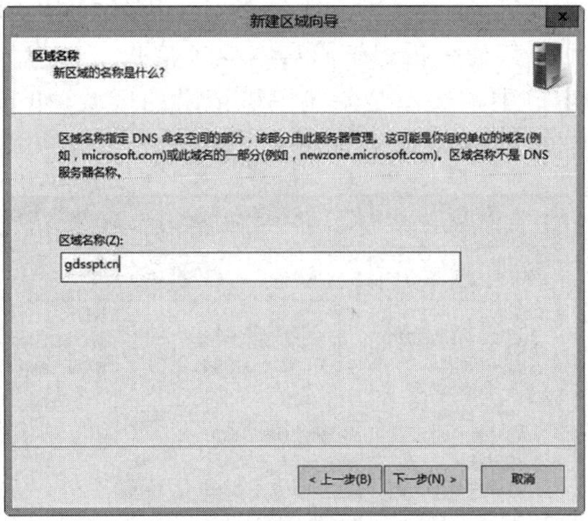

图 6-6　正向区域名称

Directory 集成的区域才能使用该项，所以该选项目前是灰色状态，不可选取。

②允许非安全和安全动态更新：如果要使用任何客户机都可接受资源记录的动态更新，可选择该项，但由于可以接受来自非信任源的更新，所以使用此项时可能会不安全。

③不允许动态更新：可使此区域不接受资源记录的动态更新，使用此项比较安全。

(5)单击【下一步】按钮，可以查看到有关 DNS 配置的信息，如图 6-7 所示，单击【完成】按钮关闭向导。

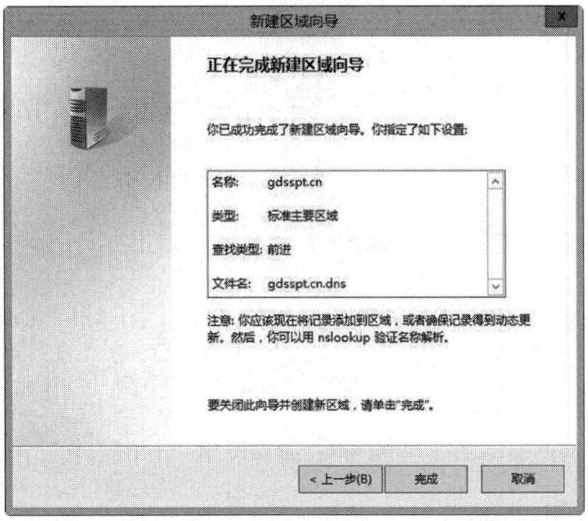

图 6-7　完成新建正向区域

创建新的正向查找主区域后，域服务管理器会自动创建起始机构授权、名称服务器等记录。除此之外，DNS 数据库还包含其他的资源记录，用户可根据需要自行向主区域中添加资源记录，常见的资源记录有主机资源记录、别名资源记录。

主机(A 类型)记录：DNS 服务器区域创建完成后，还必须添加主机记录才能真正实现 DNS 解析服务。主机记录在 DNS 区域中，用于记录在正向查找区域内建立的主机名与 IP 地址的关系，以供从 DNS 的主机域名、主机名到 IP 地址的查询，即完成计算机名到 IP 地址的映射。创建主机记录的具体步骤如下。

①在 DNS 管理器窗口中，选择要创建主机记录的区域(如 gdsspt.cn)，右键单击并选择快捷菜单中的【新建主机】选项，如图 6-8 所示。

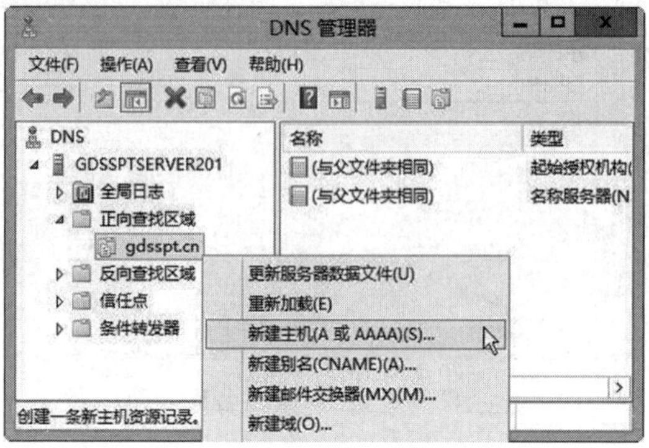

图 6-8 添加主机记录

②在【新建主机】的【名称】文本框中输入主机名称“www”，这里应输入相对名称，而不能是全称域名(输入名称的同时，域名会在【完全合格的域名】中自动显示出来)。在【IP 地址】框中输入主机对应的 IP 地址 192.168.1.109，最后单击【添加主机】按钮，完成主机记录的添加，如图 6-9 所示。

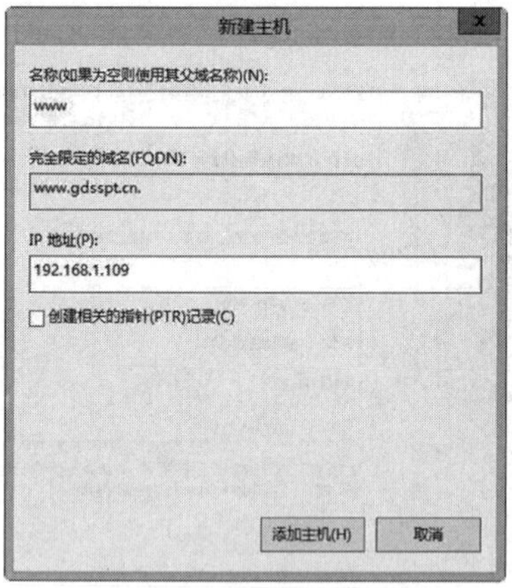

图 6-9 新建主机

如果所创建的这一条主机记录要提供反向查询的服务功能，选中【创建相关的指针(PTR)记录】项，则在【反向查找区域】刷新后，会自动生成相应的指针记录，以供反向查找时使用，也可直接在反向查找区域直接创建指针记录，将 IP 地址转换成主机名。如果本机是域控制器，在【新建主机】窗口中还会有一项【允许所有经过身份验证的用户用相同的所有者名称来更新 DNS 记录】复选框，若选择了此项，则允许动态更新资源记录。

注意：在实现虚拟主机技术时，管理员通过为同一主机设置多个不同的 A 类型记录，来达到同一 IP 地址的主机对应不同主机域名的目的。

别名(CNAME)记录：在多数情况下，需要为区域内的一台主机建立多个主机名称。别名用于将 DNS 域名映射为一个主机记录。下面为主机 www. gdsspt. cn 建立别名为 news. gdsspt. cn 的记录。

①在 DNS 管理器窗口中右键单击【正向查找区域】的【gdsspt. cn】，选择快捷菜单中的【新建别名(CNAME)】选项，如图 6-10 所示。

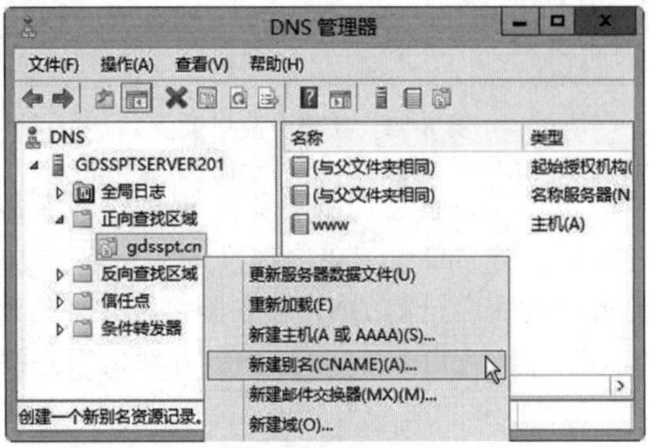

图 6-10　新建别名

②在【新建资源记录】窗口的【别名】对话框中，输入主机别名(news)和指派该别名的主机名称(www. gdsspt. cn)，单击【确定】按钮完成别名记录的添加，如图 6-11 所示。至此，www. gdsspt. cn 和 news. gdsspt. cn 就对应到了同一个 IP 地址，结果如图 6-12 所示。

图 6-11　新建资源记录

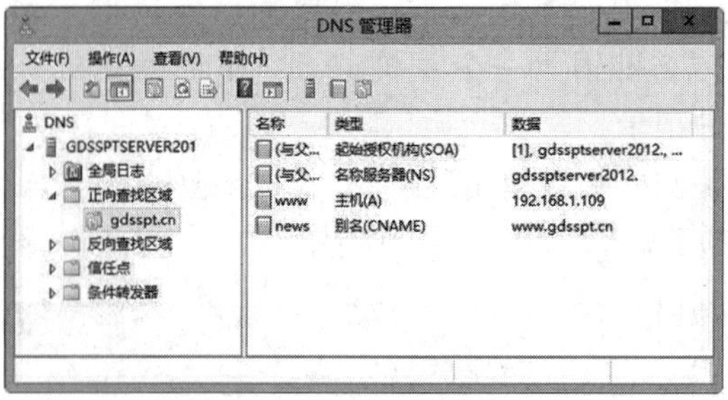

图 6-12　新建资源记录

DNS 客户机也称作解析程序，它查询服务器来搜索以及将名称解析为查询中指定的资源记录类型。客户机要解析 Internet 或内部网的主机名称，必须配置已经设置的 DNS 服务器，如果企业或学校有自己的 DNS 服务器，可以将其设置为企业或学校内部客户机首选 DNS 服务器，否则设置 Internet 上 ISP(互联网服务提供商)的 DNS 服务器为首选 DNS 服务器。

在 C/S 模式中，DNS 客户机就是指那些使用 DNS 服务的计算机，从系统软件平台来看，有可能安装的是 Windows 的服务器版本，也可能安装的是 Windows 工作站或 Linux 工作站系统。从网络管理的角度看，DNS 客户机分为静态 DNS 客户机和动态 DNS 客户机。

静态 DNS 客户机是指管理员手动配置 TCP/IP 协议的计算机，对于静态客户，设置的主要内容就是指定 DNS 服务器，一般只要设置 TCP/IP 的 DNS 选项卡的 IP 地址即可。

动态 DNS 客户机是指使用 DHCP 服务的计算机，对于动态 DNS 客户机重要的是在配置 DHCP 服务时指定域名称和 DNS 服务器。动态 DNS 客户机使用的 TCP/IP 协议的配置参数都是从 DHCP 服务器自动获取的。

6.2.2　DNS 客户机的配置和 ping 命令测试

1. 静态 DNS 客户机的配置

下面以 Windows Server 2012 操作系统中配置静态 DNS 客户为例进行介绍，具体的操作步骤如下。

①在【控制面板】中双击【网络连接】图标，打开【网络连接】窗口，可以看到所有可用的网络连接，右键单击【本地连接】图标，并在快捷菜单中选择【属性】项，在【本地连接属性】的【此连接使用下列项目】列表框中，选择【Internet 协议(TCP/IP)】，并单击【属性】按钮，弹出如图 6-13 所示的【Internet 协议(TCP/IP)属性】对话框，选择【使用下面的 DNS 服务器地址】选项，分别在【首选 DNS 服务器】和【备用 DNS 服务器】文本框中输入主 DNS 服务器和辅助 DNS 服务器的 IP 地址。最后单击【确定】按钮，保存对设置的修改即可。

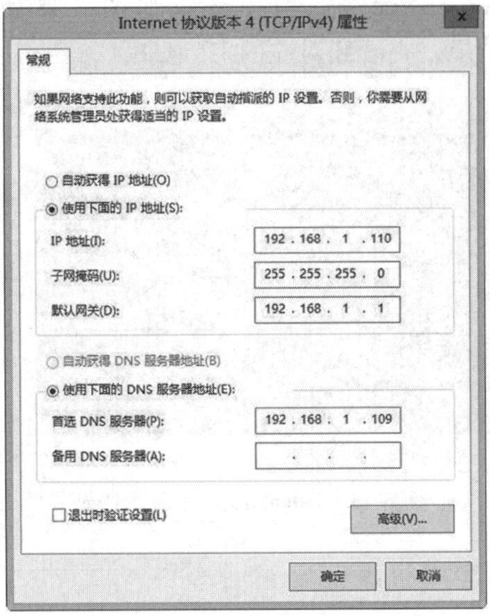

图 6-13　客户端的 TCP/IP 属性

2. ping 命令测试

ping 命令是系统内置的网络测试工具，可以用 ping 命令来测试一下网络是否通畅。ping 命令是用来测试 DNS 能否正常工作最为简单和实用的工具，这在局域网的维护中经常用到，方法很简单：打开 Windows 的【开始】菜单→【运行】窗口，输入 cmd 命令打开命令提示符窗口，在其中输入 ping 加上所要测试的目标计算机的 IP 地址或主机名即可(目标计算机要和所运行 ping 命令的计算机在同一网络，或通过电话线或专项方式已连接成一个网络)，如图 6-14 所示。

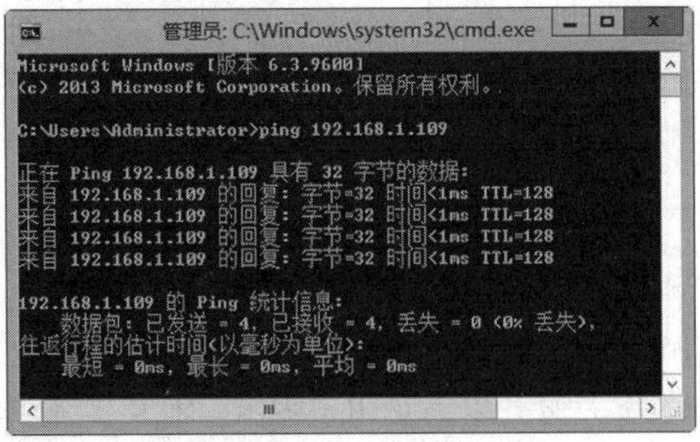

图 6-14　客户端与 DNS 服务器的连通性测试

6.2.3　使用 nslookup 命令测试

nslookup 是一个监测网络中 DNS 服务器是否能正确实现域名解析的命令行工具，是用来进行手动 DNS 查询的最常用工具。它既可以模拟标准的客户解析器，也可以模拟服务器。作为客户解析器，nslookup 可以直接向服务器查询信息，而作为服务器，nslookup 可以实现从主服务器到辅助服务器的区域传递。

使用 nslookup 命令在客户机上进行 DNS 测试的内容如下：在命令提示符窗口中输

入“nslookup www.gdsspt.cn”命令，操作结果如图 6-15 所示。从图中可以看到 www.gdsspt.cn 的解析结果，查看到对应的 IP 地址。

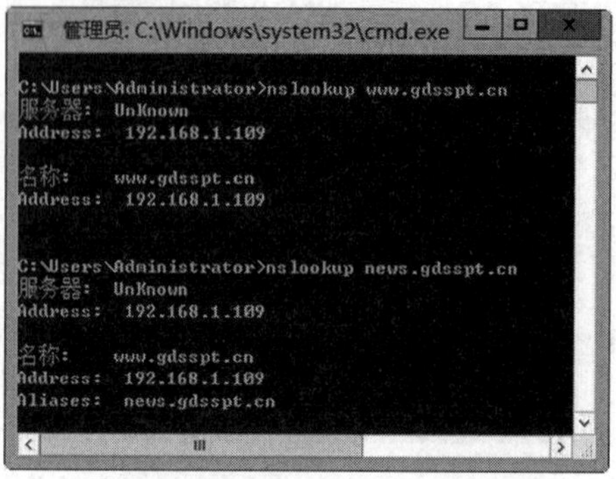

图 6-15　nslookup 命令测试结果

6.2.4　管理 DNS 客户机缓存

DNS 客户机会将 DNS 服务器发来的解析结果缓存下来，在一定时间内，若客户机再次需要解析相同的名字，就会直接使用缓存中的解析结果，而不必向 DNS 服务器发起查询。解析结果在 DNS 客户机缓存的时间取决于 DNS 服务器上响应资源记录设置的生存时间。如果在生存时间规定的时间内，DNS 服务器对该资源记录进行了更新，则在客户机会出现短时间的解析错误。此时可尝试清空 DNS 客户机缓存来解决问题，具体的操作如下。

(1)查看 DNS 客户机缓存：在 DNS 客户机的命令提示符窗口中输入“ipconfig/displaydns”命令查看 DNS 客户机缓存。

(2)清空 DNS 客户机缓存：在 DNS 客户机命令提示符窗口输入“ipconfig/flushdns”命令清空 DNS 客户机缓存。

(3)再次使用命令“ipconfig/displaydns”来查看 DNS 客户机缓存，可以看到已将其部分内容清空。

6.3　二级域的建立

在域名的日常使用中，仅顶级域名是远远不够使用的，所以域名商就提供了每个顶级域名下可以开通二级域名服务以满足用户需求，而且二级域名的建立也是非常方便快捷的。本节的任务是在顶级域名下建立一个二级域名，具体操作步骤如下。

(1)打开【DNS 管理器】，右键单击【gdsspt.cn】，选择【新建域】，如图 6-16 所示。

(2)在新建 DNS 域窗口中，输入二级域名“dqx”，单击【确定】按钮，如图 6-17 所示。

(3)右键单击二级域【dqx】，选择【新建主机】，如图 6-18 所示；输入主机名“www”，其对应的 IP 地址为 192.168.1.130，如图 6-19 所示。

(4)单击【添加主机】按钮，二级域名 www.dqx.gdsspt.cn 即建立完毕。

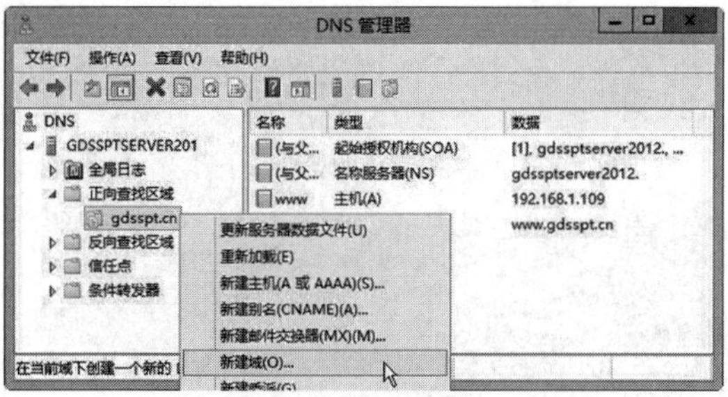

图 6-16　新建二级域

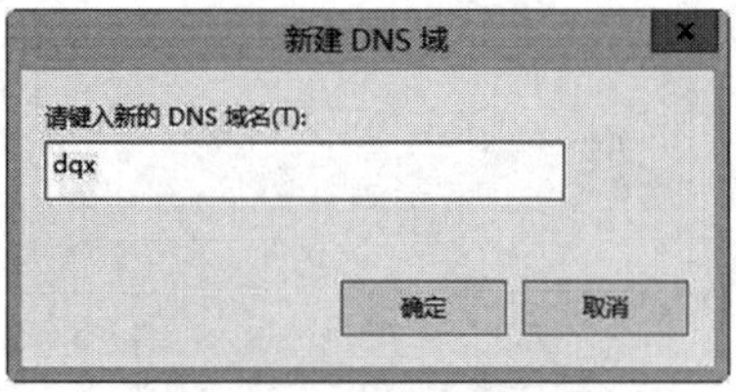

图 6-17　确定二级域名

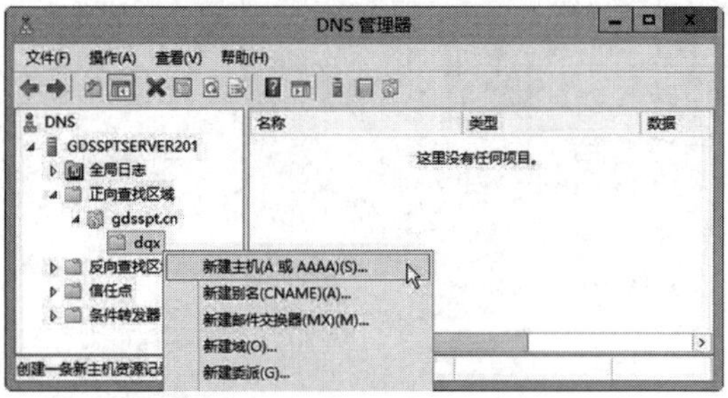

图 6-18　在二级域名下建立主机

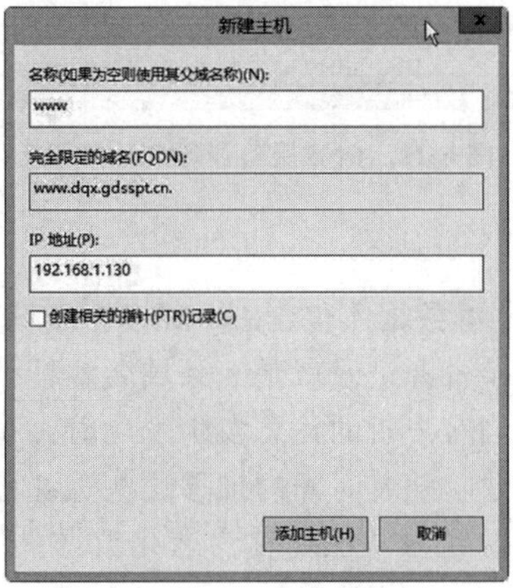

图 6-19　确定主机名

(5)在客户机上使用 nslookup 命令对二级域名 www. dqx. gdsspt. cn 进行验证，结果如图 6-20 所示。

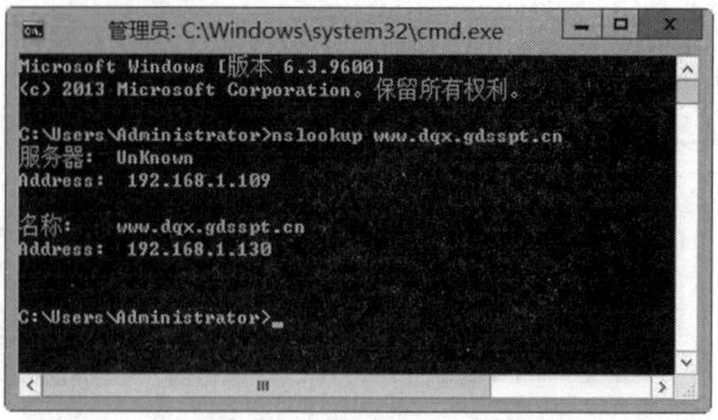

图 6-20　确定二级域名

6.4　管理 DNS 服务器

6.4.1　启动或停止 DNS 服务器

打开【DNS 管理器】，在控制台中右键单击 DNS 服务器节点，选择【所有任务】，如图 6-21 所示，根据具体需要，选择【启动】【停止】或【暂停】等。

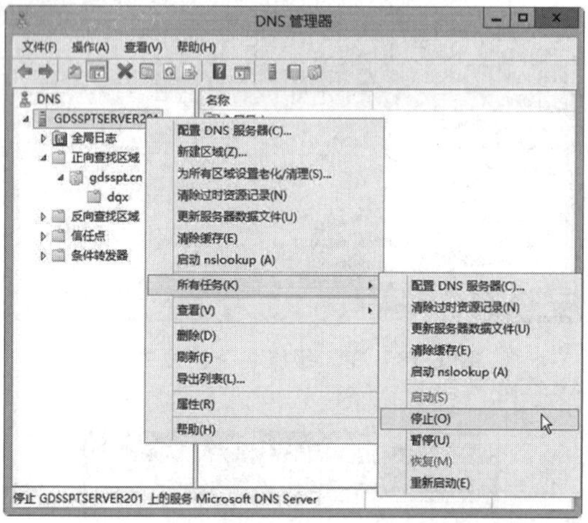

图 6-21　DNS 服务器的启动与停止

6.4.2　老化和清理

Internet 上的大型服务器的数据库包含一个或多个区域文件，每个区域文件都拥有一组结构化的资源记录，每条资源记录就是一条域名解析结果。如果 DNS 服务器允许客户机启动更新技术，则每当客户机的信息发生变化时，在 DNS 服务器的区域中就会增加一条该客户机的资源记录，随着时间的推移这些资源记录会不断地在区域中累积，从而产生一些没有意义的资源记录数据，称为老化数据。因此需要把这些老化数据进行清理。

设置区域中老化数据清理的步骤如下。

①在【DNS 管理器】窗口中，右键单击 DNS 服务器节点，选择【为所有区域设置老化/清理】，如图 6-22 所示。

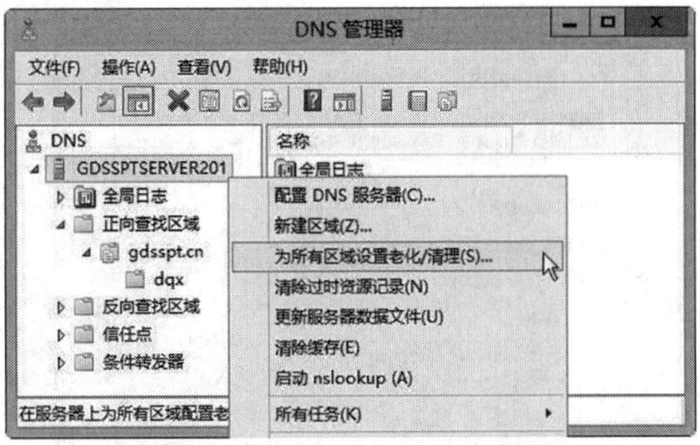

图 6-22 【DNS 管理器】对话框

②在如图 6-23 所示的【服务器老化/清理属性】对话框中可以设置对 DNS 服务器上的超过一定生命周期的 DNS 资源的处理方法。选中【清除过时资源记录】复选框，在【无刷新间隔】文本框中输入“3”，表示系统将认为超过 3 天没有进行再次刷新的资源记录是老化数据。在“刷新间隔”文本框中输入“3”，表示系统将要刷新的资源记录(删除或修改)与此次记录最后一次刷新的日期之间至少要有 3 天的时间间隔。

③单击【确定】按钮，设置开始自动生效。

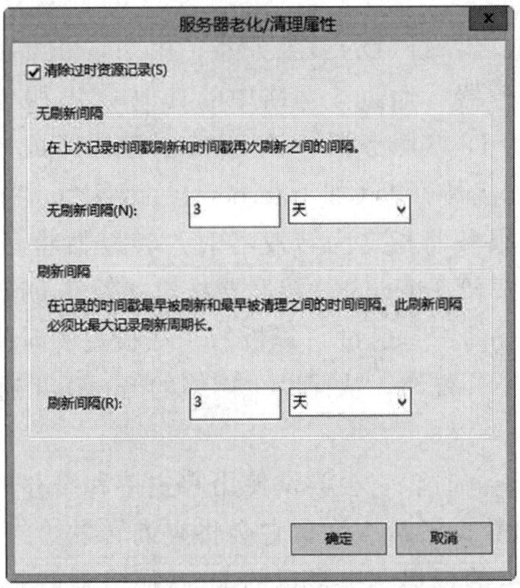

图 6-23 【服务器老化/清理属性】对话框

6.4.3 限制 DNS 服务器只侦听选定的地址

默认情况下，会将在多宿主计算机上运行的 DNS 服务器配置为使用其所有 IP 地址来侦听 DNS 查询。在实际应用中，为提高资源的利用率和服务器的安全性，可以将 DNS 服务器侦听的 IP 地址限制为其 DNS 客户端用作首选 DNS 服务器的 IP 地址。具体操作如下：打开【DNS 管理器】，单击 DNS 服务器，选择【操作】→【属性】，打开如图 6-24 所示的窗口，在【接口】选项卡中，选择【只在下列 IP 地址】，在本例中，该 DNS 有 192.168.1.109 和 fe80:254c:2e43:2287:6f61 两个 IP 地址。

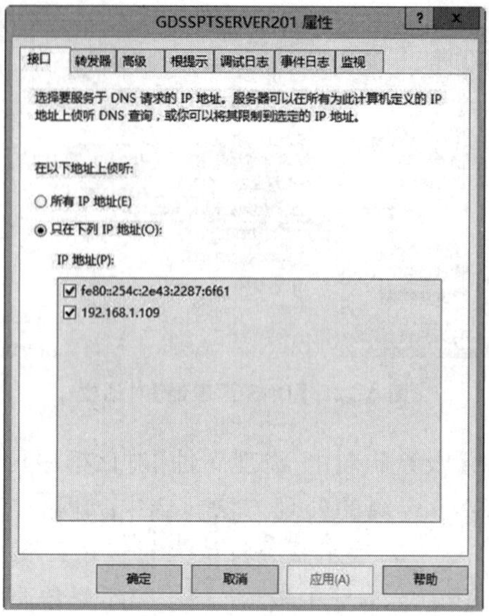

图 6-24　限制 DNS 服务器的侦听地址

6.4.4　DNS 转发器

转发器是网络上的域名系统(DNS)服务器，用来将外部 DNS 名称的 DNS 查询转发给该网络外的 DNS 服务器。通过让网络中的其他 DNS 服务器将它们在本地无法解析的查询转发给网络上的 DNS 服务器，该 DNS 服务器即被指定为转发器。使用转发器可管理网络外的名称的名称解析(如 Internet 上的名称)，并改进网络中的计算机的名称解析效率。将 DNS 服务器指定为转发器时，转发器将负责处理外部通信，从而将 DNS 服务器有限地暴露给 Internet。转发器将建立外部 DNS 信息的巨大缓存，因为网络中的所有外部 DNS 查询都是通过它解析的。在很短的时间内，转发器将使用该缓存数据解析大部分外部 DNS 查询，从而减少网络的 Internet 通信与 DNS 客户机的响应时间。

当 DNS 服务器收到查询时，它会尝试使用它主持和缓存的主要及辅助区域解析该查询。如果不能使用本地数据解析查询，它会将查询转发给指定为转发器的 DNS 服务器。在尝试与 DNS 服务器的根提示中指定的 DNS 服务器联系之前，该 DNS 服务器会等待一段很短的时间，等待来自转发器的应答。当 DNS 服务器将查询转发给转发器时，它会为转发器发送递归查询。这与迭代查询不同，在标准名称解析(不涉及转发器的名称解析)期间，DNS 服务器将迭代查询发送给另一个 DNS 服务器。

配置 DNS 转发器的步骤如下。

(1)打开【DNS 管理器】窗口，在左侧窗格中右键单击准备设置 DNS 转发器的 DNS 服务器名称，选择【属性】命令，打开 DNS 服务器属性对话框，选择【转发器】选项卡，如图 6-25 所示。

(2)单击【编辑】按钮，打开如图 6-26 所示【编辑转发器】对话框，添加转发器服务器 IP 地址。

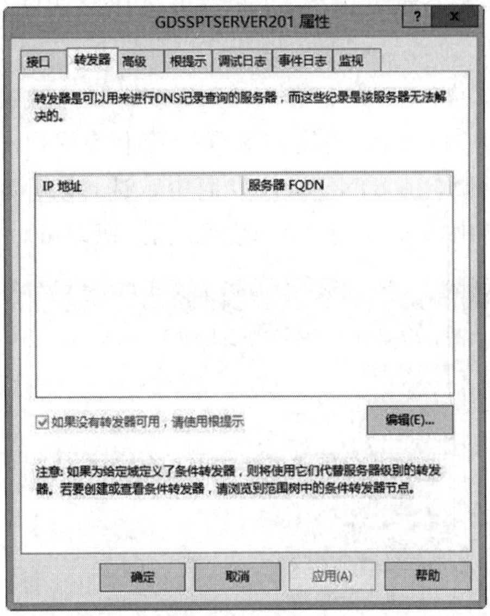

图 6-25　DNS 属性窗口

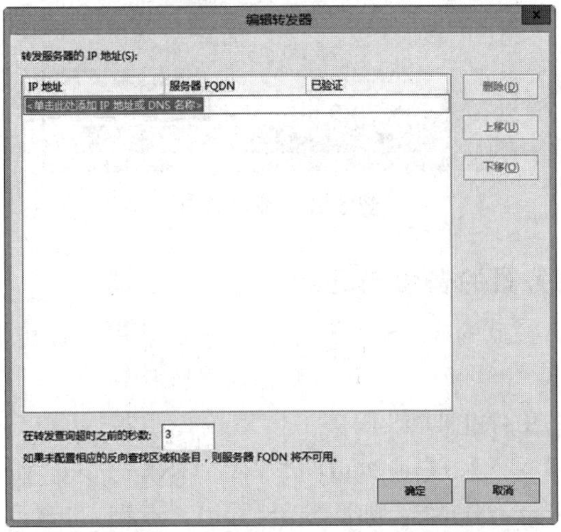

图 6-26　【编辑转发器】对话框

(3)在【＜单击此处添加 IP 地址或 DNS 名称＞】文本框中，输入转发器的 IP 地址或 DNS 域名，按 Enter 键添加，系统会自动对该转发器进行验证。

(4)如果所输入的转发器地址无误，能够通过验证，则单击【确定】按钮，转发地址添加成功。

(5)单击【确定】按钮，DNS 转发器设置成功。网络中的 DNS 客户机即可访问 Internet 中的域名了。

6.4.5　在 DNS 服务器上禁用递归

在默认情况下，DNS 服务器会代表其 DNS 客户端及将 DNS 客户端查询转发给它的 DNS 服务器执行递归查询。递归是一项名称解析技术，借助此技术，DNS 服务器可以代表进行申请的客户端来查询其他的 DNS 服务器以完成解析名称，然后将应答发回客户端。

攻击者可以使用递归功能实现拒绝 DNS 服务器服务攻击，因此，如果网络中的 DNS 服务器不准备接收递归查询，则应在该服务器上禁用递归。禁用递归与限制 DNS 服务器只侦听选定地址相似，在 DNS 属性界面中，选择【高级】选项卡，在服务器选项中，选择【禁用递归(也禁用转发器)】，单击【确定】按钮即可，如图 6-27 所示。

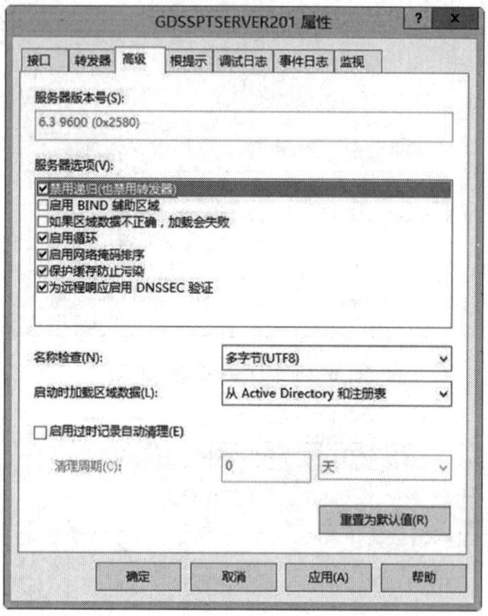

图 6-27　禁用递归

6.4.6　DNS 服务器的备份与还原

通过前面的学习，大家对 DNS 服务器有了一定认识，事实上 DNS 可视为一个数据库，其备份方法如下。

(1)在 DNS 管理器中停止 DNS 服务。

(2)单击【开始】→【运行】→【regedit】，找到键 HKEY_LOCAL_MACHINE\System\CurrentControlSet\Services\DNS，如图 6-28 所示，右键单击【DNS】文件夹，选择【导出】，导出文件命名为 DNSBackup1。

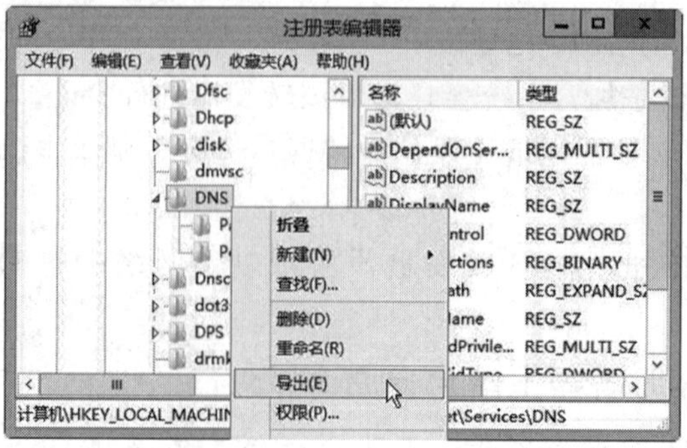

图 6-28　导出注册表——DNS

(3)找到键 HKEY_LOCAL_MACHINE\SOFTWARE\Microsoft\WindowsNT\CurrentVersion\DNS Server，如图 6-29 所示，右键单击【DNS Server】文件夹，选择【导出】，导出文件命名为 DNSBackup2。

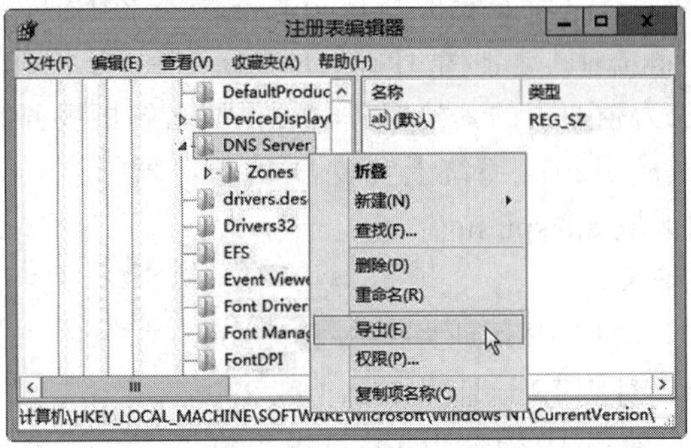

图 6-29 导出注册表——DNS Server

(4)将文件夹\Windows\System32\dns 中所有后缀为 .dns 的文件与上述步骤中的 DNSBackup1. reg、DNSBackup2. reg 复制到其他媒体中(如 U 盘)，即完成备份，结果如图 6-30 所示。

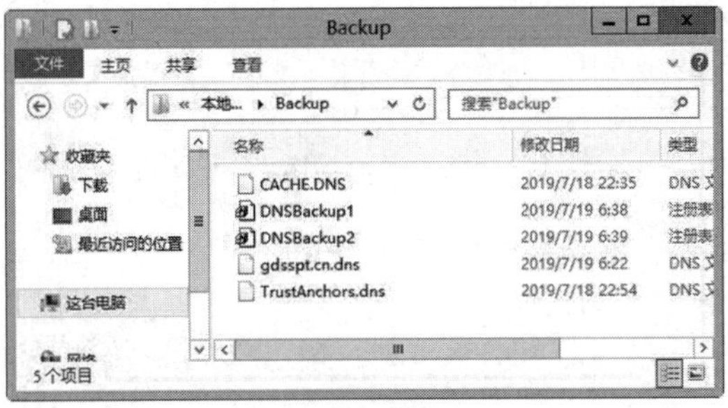

图 6-30 DNS 备份

当 DNS 服务器出现故障时，我们可以使用备份数据对其进行还原，设置步骤如下。

①在服务器上安装 Windows Server 2012 系统，使用与故障 DNS 服务器相同的 IP 地址，安装并启动 DNS 服务。

②将备份文件夹中后缀为 .dns 的文件复制到新服务器的“\Windows\System32\dns”文件夹中。

③双击备份文件夹中后缀名为 .reg 的文件，将二者导入注册表中。

④重新启动 DNS 服务，DNS 服务器即还原成功，结果如果 6-31 所示。

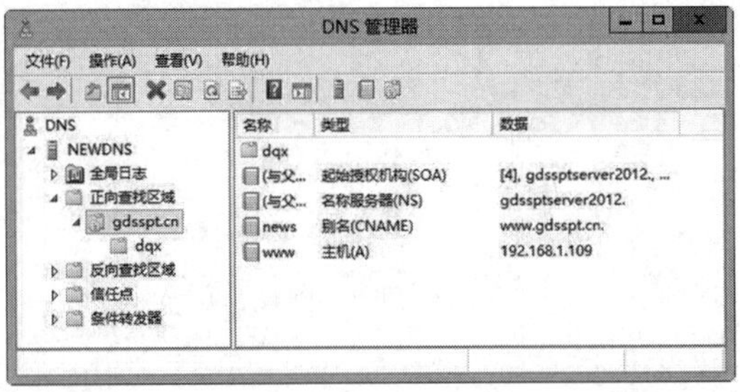

图 6-31 DNS 还原

6.5 根据需求架设 DNS 服务器

某公司企业内部网中有一台安装了 Windows Server 2012 系统的计算机，指定计算机名为“GDSSDNS”，静态 IP 地址为 192.168.200.253，子网掩码为 255.255.255.0。现在需要使用此计算机为企业内的其他服务器提供域名解析服务器，要求如下。

(1)在 Windows Server 2012 系统上安装 DNS 服务器。

(2)创建一个正向区域 gdsspt.net。

(3)新建 3 条主机记录。

①dqx.gdsspt.net，对应 IP 地址为 192.168.200.1。

②jwc.gdsspt.net，对应 IP 地址为 192.168.200.2。

③tsg.gdsspt.net，对应 IP 地址为 192.168.200.3。

(4)为 tsg.gdsspt.net 建立别名记录为 library.gdsspt.net。

(5)以学号为主机名，以专业名称为三级域，以系部为二级域，以 edu 为顶级域，建立正向区域和主机。

(6)用客户机对上述区域中的主机、别名进行测试，检验配置是否正确。

第 7 章　IIS 网站的架设

项目任务

某公司原来的网站是通过 IDC 机房的服务器发布的。随着公司业务的逐步增加，网站的访问量也越来越大，原有的网站管理方式已经不适合公司的发展现状，因此该公司准备部署专用的 Web 服务器，要求该服务器既能满足普通客户的常规访问需求，又能实现公司内部信息共享和资源分享。

项目目标

- 掌握架设 Web 服务器的方法。
- 熟悉 Web 站点的权限管理与安全设置。
- 掌握单机发布多个 Web 站点的方法。

7.1　初识 Web

1. Web 的定义

Web(World Wide Web)即全球广域网，也称为万维网，是一种基于超文本和 HTTP 的、全球性的、动态交互的、跨平台的分布式图形信息系统。在这个系统中，每个有用的事物称为一个“资源”并且由一个全局统一资源标识符(Uniform Resource Identifier，URI)标识。这些资源通过超文本传送协议(Hypertext Transfer Protocol，HTTP)传送给用户，而后者通过单击链接来获得资源。Web 是建立在 Internet 上的一种网络服务，为浏览者在 Internet 上查找和浏览信息提供了图形化的、易于访问的直观界面，其中的文档及超级链接将 Internet 上的信息节点组织成一个互为关联的网状结构。

2. Web 的原理

当用户想进入一个网页或访问其他网络资源的时候，通常要在浏览器上输入想访问网页的统一资源定位符(Uniform Resource Locator，URL)，或者通过超链接方式链接到要访问的网页或网络资源。具体包括：首先是 URL 的服务器名称部分，由命名为域名系统的分布于全球的互联网数据库解析，并根据解析结果决定进入哪一个 IP 地址。其次为所要访问的网页，向在哪个 IP 地址工作的服务器发送一个 HTTP 请求。在通常情况下，HTML 文本、图片和构成该网页的一切其他文件很快会被逐一请求并发送回用户。网络浏览器接下来的工作是把 HTML、CSS 和其他接收到的文件所描述的内容，加上图像、链接以及其他必需的资源显示给用户。这些就构成了用户所看到的“网页”。大多数的网页自身包含有超链接指向其他相关网页，可能还有下载、源文件、定义和其他网络资源。像这样通过超链接，把有用的相关资源组织在一起的集合，就形成了一个所谓的信息网。

Web 通过以下 3 种机制保证信息资源可被世界范围内的访问者访问。

(1)在 Web 上定位资源的统一命名规则，如 URL。

(2)通过 Web 访问命名资源的协议，如 HTTP。

(3)在资源间轻松导航的超文本语言，如 HTML。

当用户通过 URL 定位 Web 资源并利用 HTTP 访问 Web 服务器获取该 Web 资源后，需要在自己的屏幕上将其正确无误地显示出来。由于 Web 服务器并不知道将来阅读这个文件的用户到底会使用哪一种类型的计算机或终端，因此要保证每个用户在屏幕上都能读到正确显示的文件，必须以各类型的计算机或终端都能“看懂”的方式来描述文件，于是就产生了 HTML(Hypertext Markup Language，超文本标记语言)。HTML 对 Web 网页的内容、格式及 Web 网页中的超链接进行描述。而 Web 浏览器的作用就在于读取 Web 网页上的 HTML 文档，再根据此类文档中的描述组织并显示相应的 Web 页面。

3. URL

在万维网上，每种信息资源都有统一的且在网上唯一的地址，该地址就叫 URL，它是万维网的统一资源定位标志，就是指网络地址。

URL 由协议类型、存放资源的主机域名、端口号、资源文件名四部分组成。

(1)协议类型：指定使用的传输协议。下面列出 Protocol 属性的有效方案名称，其中最常用的是 HTTP 协议，它也是目前万维网中应用最广的协议。

①file 资源是本地计算机上的文件。其格式为：file:///(注意后边应是三个斜杠)。

②ftp 通过 FTP 访问资源。其格式为：FTP://。

③gopher 通过 Gopher 协议访问资源。

④http 通过 HTTP 访问资源。其格式为：HTTP://。

⑤https 通过安全的 HTTPS 访问资源。其格式为：HTTPS://。

⑥mailto 资源为电子邮件地址，通过 SMTP 访问。其格式为：mailto。

⑦MMS 通过支持 MMS(流媒体)协议播放资源，代表软件：Windows Media Player，其格式为：MMS://。

⑧ed2k 通过支持 ed2k(专用下载链接)协议的 P2P 软件访问资源，代表软件：电驴。其格式为：ed2k://。

⑨Flashget 通过支持 Flashget(专用下载链接)协议的 P2P 软件访问资源，代表软件：快车。其格式为：Flashget://。

⑩thunder 通过支持 thunder(专用下载链接)协议的 P2P 软件访问资源，代表软件：迅雷。其格式为：thunder://。

⑪news 通过 NNTP 访问资源。

(2)存放资源的主机域名：是指存放资源的服务器的域名系统(DNS)主机名或 IP 地址。例如，http://www.gdsspt.cn/的主机名为 www.gdsspt.cn。

(3)端口号：指进入服务器的通道，一般为默认端口。各种传输协议都有默认的端口号，如 HTTP 的默认端口为 80；如果输入时省略，则使用默认端口号。有时候出于安全或其他考虑，可以在服务器上对端口进行重新定义，即采用非标准端口号，此时，

URL中就不能省略端口号这一项。例如，“http://www.gdsspt.cn”和“http://www.gdsspt.cn:80”效果是一样的，因为80是HTTP服务的默认端口号。而“http://www.gdsspt.cn:8080”和“http://www.gdsspt.cn”是不同的，因为两个URL的端口号不同。

(4)资源文件名：指明服务器上某资源的位置。其格式通常由“目录/子目录/文件名”的结构组成。

4. 主流网站开发语言的简介

现在主流的网站开发语言有ASP、PHP、JSP等。

(1)ASP

ASP(Active Server Pages)是微软平台下的动态网页技术。Microsoft提出的ASP概念，使设计交互式Web页面的技术有了长足的进步。它采用了三层计算结构，将Web服务器(逻辑层)、客户端浏览器(表示层)以及数据库服务器(数据层)分开，具有良好的扩充性。ASP在执行的时候，是由IIS调用程序引擎，解释执行嵌在HTML代码中的ASP代码，最终将结果和原来的HTML代码一同送往客户端。ASP是和平台相关的，只能运行在Windows平台上。

(2)PHP

PHP(Personal Home Pages)是一种服务器端的嵌入HTML的脚本语言，可以运行于多种平台。其借鉴了C语言、Java语言和Perl语言的语法，同时具有自己独特的语法。由于PHP采用Open Source方式，它的源代码完全公开，使得它可以不断有新的东西加进来，形成庞大的函数库，能够实现更多的功能。PHP在数据库支持方面做得非常好，它能支持现在几乎所有的数据库。

(3)JSP

JSP的全称是Java Server Pages，它是SUN推出的一种动态网页技术标准。在传统的静态页面文件(如*.html，*.htm)中加入Java程序片段和JSP标记，就构成了JSP页面。JSP支持绝大部分平台，组件的开发和使用很方便。ASP的组件是由C++、VB等语言开发的，并需要注册才能使用；而JSP的组件是用Java开发的，可以直接使用。

以上三种语言都提供在HTML代码中混合某种程序代码，由语言引擎解释执行程序代码的能力。但JSP代码被编译成Servlet并由Java虚拟机解释执行，这种编译操作仅在对JSP页面的第一次请求时发生。在ASP、PHP、JSP环境下，HTML代码主要负责描述信息的显示样式，而程序代码则用来描述处理逻辑。普通的HTML页面只依赖于Web服务器，而ASP、PHP、JSP页面需要附加语言引擎分析和执行程序代码。程序代码的执行结果被重新嵌入HTML代码中，然后一起发送给浏览器。ASP、PHP、JSP三者都是面向Web服务器的技术，客户端浏览器不需要任何附加的软件支持。

Windows Server 2012的站点服务支持静态网站、ASP网站的发布，而PHP和JSP的发布则需安装相关的服务安装包才能支持，通常PHP和JSP都在Linux操作系统上发布。

5. Windows Server 2012的IIS

IIS是Internet Information Services的缩写，意为互联网信息服务，是由微软公司提供的基于运行Microsoft Windows的互联网基本服务。IIS是一种Web(网页)服务组件，其中包括 Web 服务器、FTP 服务器、NNTP 服务器和 SMTP 服务器，分别用于网页浏览、文件传输、新闻服务和邮件发送方面，它使得在网络(包括互联网和局域网)上发布信息成了一件很容易的事。管理员无须记忆烦琐的服务器配置指令，就能够轻松搭建基于网络的 Web 服务器。

IIS 8.0 作为目前的最新版本已经内置在 Windows Server 2012 操作系统中，开发者利用 IIS 8.0 可以在本地系统上搭建测试服务器，进行网络服务器的调试与开发测试。相比之前的版本，IIS 8.0 的特点如下。

(1)IIS 8.0 只能运行于 Windows Server 2012 和 Windows 8 系统中。

(2)IIS 8.0 Application 的初始化被包括在 IIS 8.0 中，而 IIS 7.5 Application 初始化被作为一个外带模块。

(3)IIS 8.0 管理工具更新了 ASP.net 4.5 的功能。

(4)IIS 8.0 集成了 SSL 认证支持。

(5)IIS 8.0 CPU 节流已经得到更新且包括额外的节流选项。

(6)IIS 8.0 集成了动态 IP 地址限制功能。

(7)IIS 8.0 集成了 FTP 尝试登录限制功能。

(8)IIS 8.0 在 NUMA 上具有多核扩展。

7.2 Web 服务器的安装及配置

7.2.1 架设 Web 服务器的需求和环境

在架设 Web 服务器前需满足以下要求。

(1)设置 Web 服务器的 TCP/IP 属性，手动指定 IP 地址、子网掩码、默认网关和 DNS 服务器 IP 地址等。

(2)设置域环境，域名为 gdsspt.cn。

本章所有实例都在同一个域环境下，域名为 gdsspt.cn。其中 Web 服务器主机名为 Server 2012，其本身也是域控制器和 DNS 服务器，IP 地址为 192.168.1.109。Web 客户机主机名为 client，IP 地址为 192.168.1.100。这两台计算机都是域中的计算机，具体网络拓扑如图 7-1 所示。

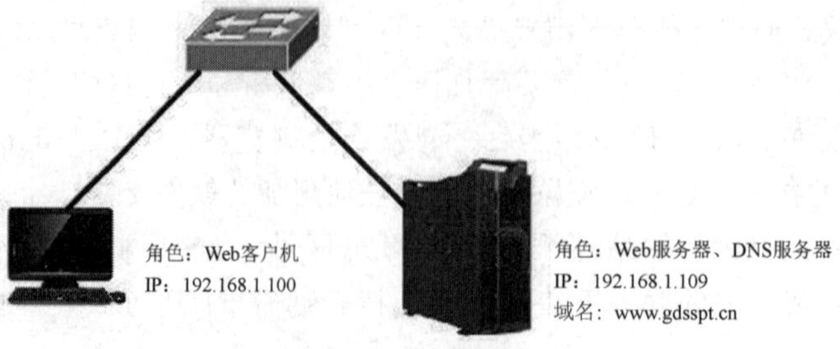

图 7-1　网络拓扑

7.2.2　安装 Web 角色

(1)单击【开始】→【服务器管理器】→【管理】→【添加角色和功能】，打开如图 7-2 所示的【添加角色和功能向导】对话框，在【安装类型】选项卡中选择【基于角色或基于功能的安装】，单击【下一步】按钮。

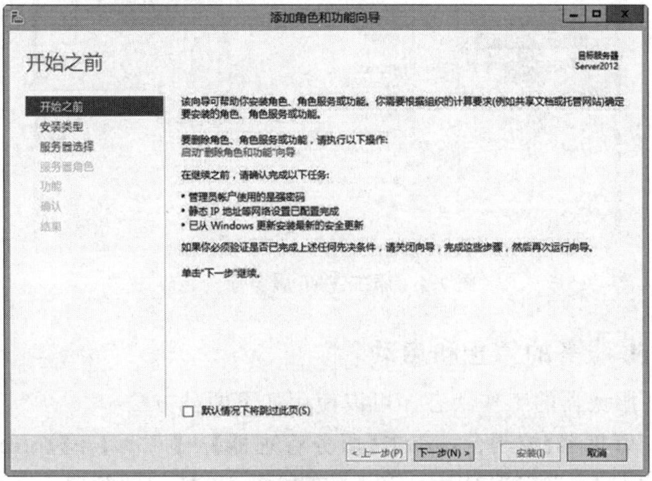

图 7-2　【添加角色和功能向导】对话框

(2)在【服务器选择】选项卡中选择本机，单击【下一步】按钮，在【服务器角色】选项卡中选择【Web 服务器(IIS)】服务，如图 7-3 所示，再单击【下一步】按钮。

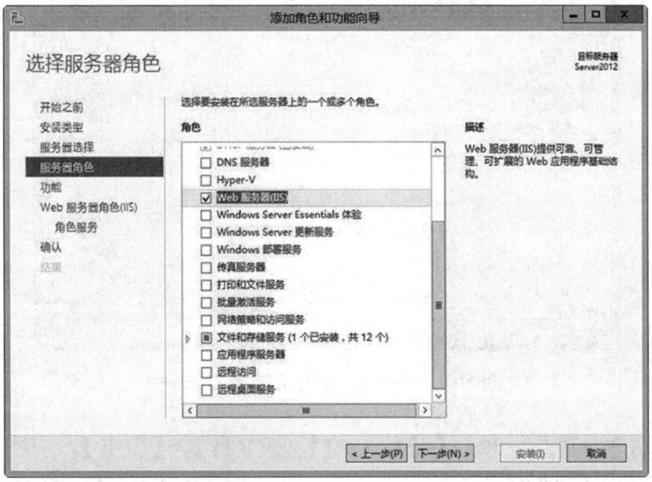

图 7-3　添加 Web 服务器

(3)在【功能】【Web 服务器角色】和【角色服务】选项卡中连续单击【下一步】按钮选择默认选项，如图 7-4 所示。

(4)在【确认】选项卡中单击【安装】按钮，Web 服务器安装完成后单击【关闭】按钮。

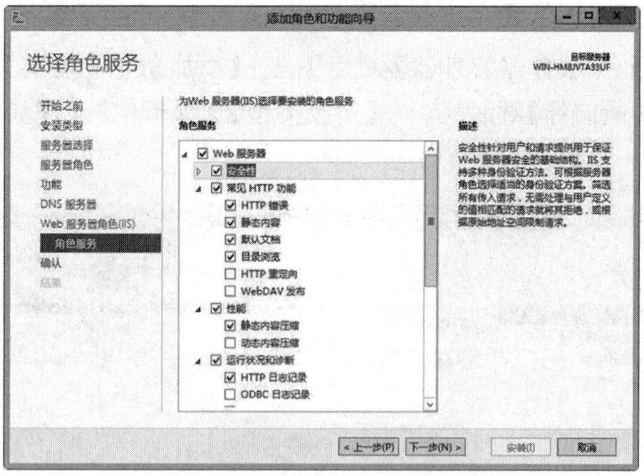

图 7-4　添加 Web 服务器角色

7.2.3　Web 服务的停止和启动

要改变 Web 服务器的工作状态，可以使用如下两种方法。

(1)使用【IIS 管理器】控制台：单击【服务管理器】→【工具】→【Internet Information Services(IIS)管理器】→【WEB-SERVER】，在如图 7-5 所示的管理服务器界面中即可启动、停止或重新启动 Web 服务。

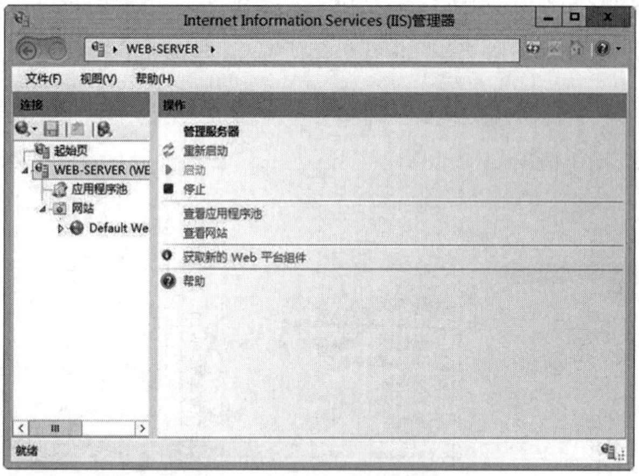

图 7-5　服务器的状态选择方法一

(2)使用【服务】控制台：单击【开始】→【管理工具】→【服务】，打开【服务】控制台，如图 7-6 所示，找到服务【World Wide Web Publishing Service】，通过选择窗口左侧的【停止此服务】【重启动此服务】也可对 Web 服务进行管理。

在 Web 服务器安装完成后，IIS 会默认建立并启动一个【Default Web Site】，该站点可以用来测试 Web 服务器是否正确安装，以及是否已经正常运行。通常的检测方法是在服务器的浏览器中输入“http://127.0.0.1”来验证该默认站点的运行状态。图 7-7 所示为 Default Web Site 的网页内容。由于该默认站点在后续的操作过程中可能对部分网站的参数设置产生影响(端口易冲突)，因此可以先将其删除，具体操作如图 7-8 所示。

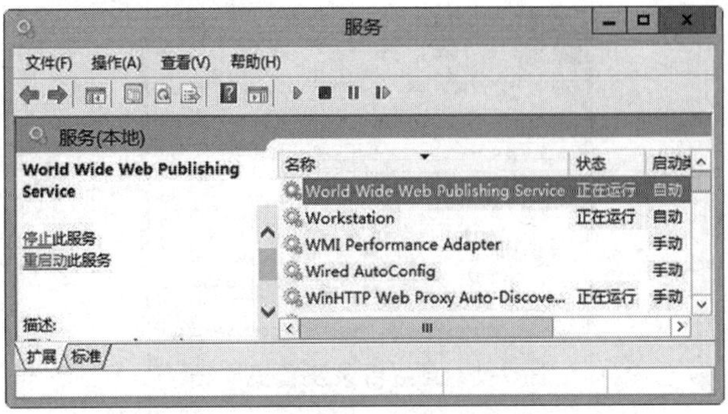

图 7-6　服务器的状态选择方法二

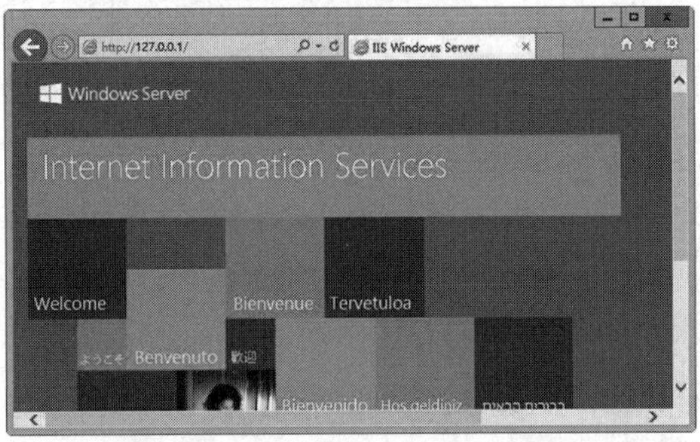

图 7-7　测试 Web 服务器的默认站点

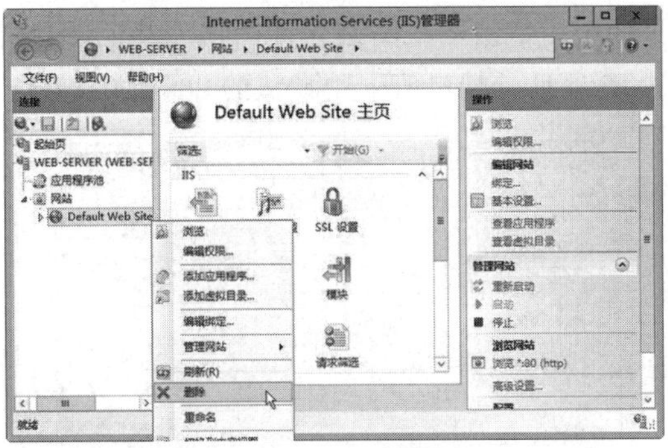

图 7-8　删除 Default Web Site

7.2.4　发布第一个静态网站

（1）准备工作：在实际应用中，通常将用户做好的网站内容复制到 Web 服务器。在本实例中，网站的目录设定在“C:\myWEB”中，为了便于演示，我们用记事本在该目录中建立一个普通的 txt 文档，输入内容后，将其存储为“index. htm”即可，操作结果如图 7-9 所示。

（2）在【Internet Information Services（IIS）管理器】窗口中，依次展开服务器【WEB-SERVER】→【网站】，如图 7-10 所示。

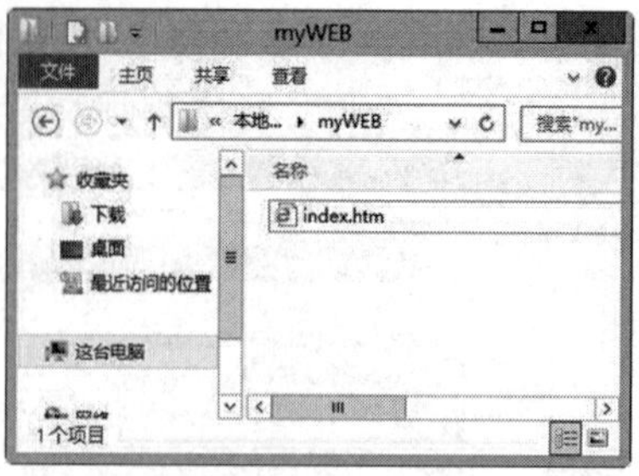

图 7-9　网站目录及首页文档

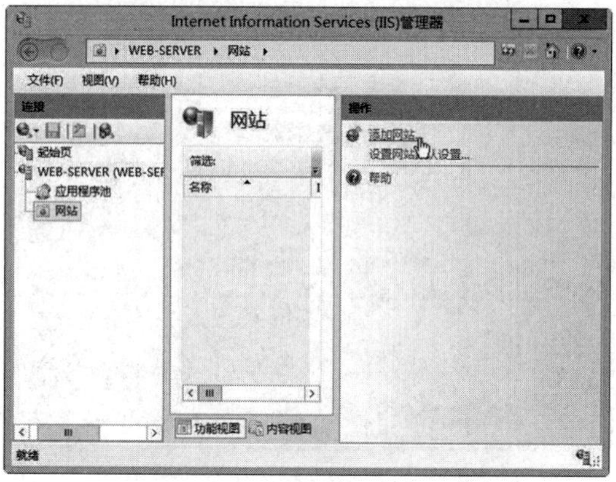

图 7-10　添加 Web 网站

(3)在【添加网站】页面中，依次输入网站名称、物理路径(网站首页 index. htm 所在硬盘中的位置)和服务器的 IP 地址，端口值采用默认的 80，如图 7-11 所示。

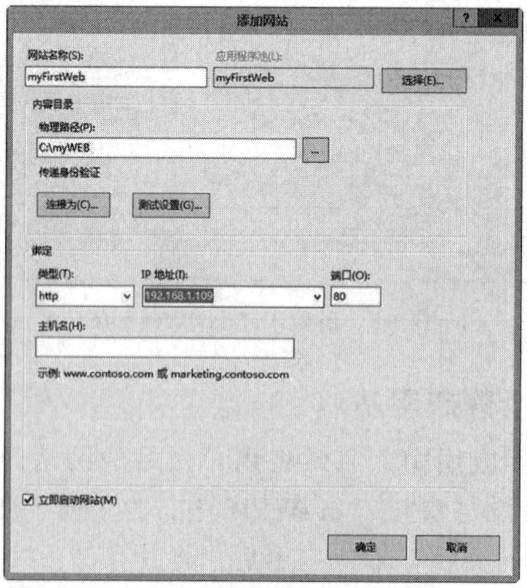

图 7-11　设置网站的基本参数

(4)在客户机中打开 IE 浏览器，在地址栏中输入 http://192.168.1.109，即可访问 Web 服务器，访问结果如图 7-12 所示。

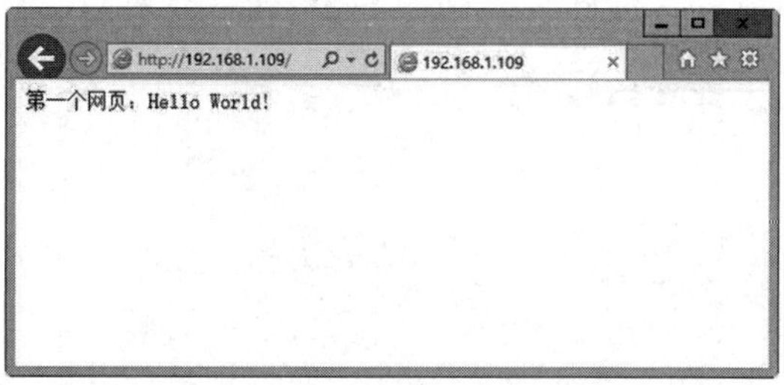

图 7-12　客户机访问 Web 服务器

7.2.5　发布第一个动态网站

(1)准备工作：和静态网页类似，我们用记事本在“C:\myDynamicWEB”中建立一个普通的 txt 文档，输入内容后，将其存储为“index.asp”即可，文件的具体内容如图 7-13 所示。

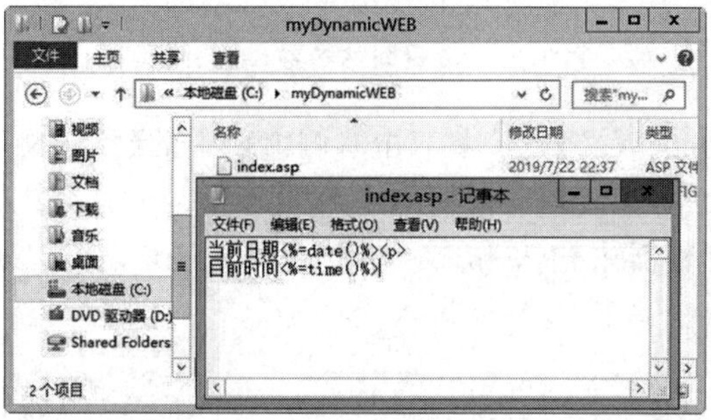

图 7-13　动态网页内容

(2)进入【添加角色和功能向导】界面，展开【Web 服务器】→【应用程序开发】，勾选【ASP】选项，如图 7-14 所示，单击【下一步】按钮，开始安装 ASP 组件。

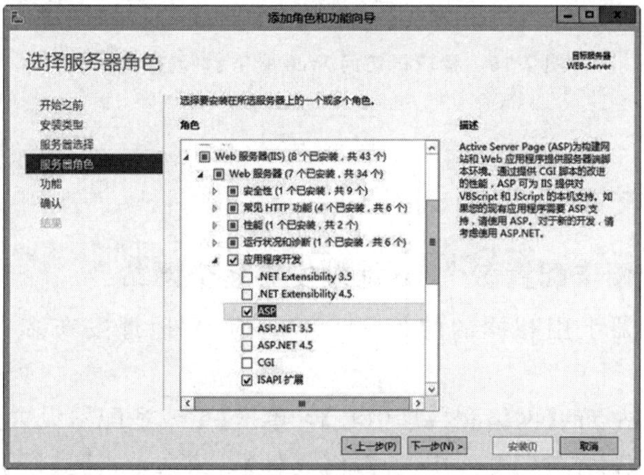

图 7-14　安装额外组件

(3)在添加网站界面中，输入网站名称“myDynamicWeb”，将网站的内容目录定位至“C:\myDynamicWEB”，IP 地址与发布静态网站相同，都为 192.168.1.109，端口值采用默认的 80，如图 7-15 所示，单击【确定】按钮，完成网站基本参数配置。

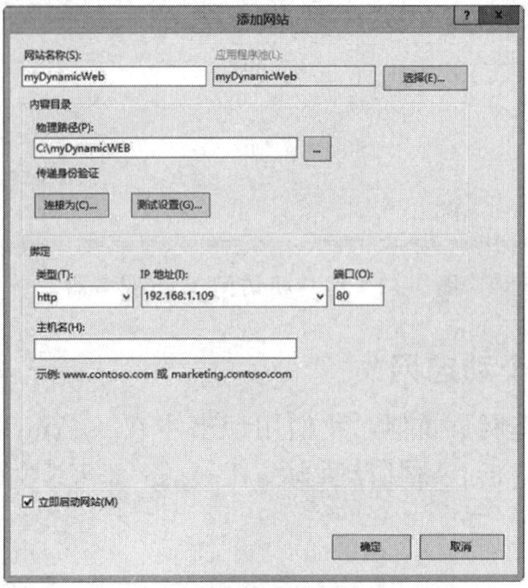

图 7-15 设置网站参数(动态网页)

(4)单击【myDynamicWeb】，接着双击右侧窗口中的【默认文档】，再单击操作栏中的【添加】按钮，在添加默认文档对话框中输入“index. asp”，完成默认文档的添加。

(5)在客户机的浏览器中输入 http://192.168.1.109，可以观察到动态网站生效，结果如图 7-16 所示。

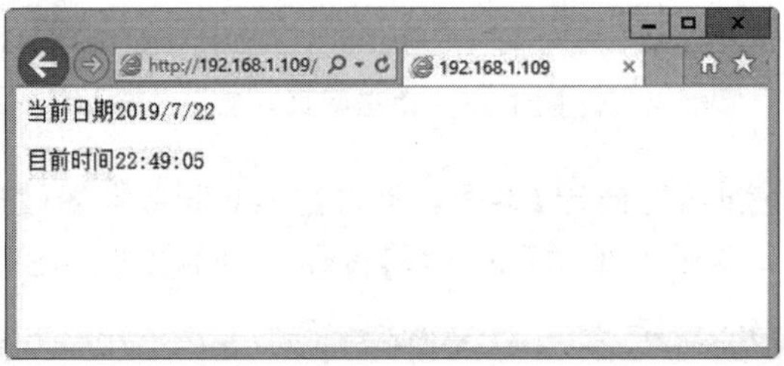

图 7-16 客户机访问 Web 服务器(动态网页)

7.3 单机发布多个网站

7.3.1 单个网卡配置多个 IP 地址发布多个网站

在同一台服务器上用相同的端口号、不同的 IP 地址发布多个网站，具体步骤如下。

(1)打开 FTP 站点的【网络和共享中心】，单击【更改适配器设置】→【以太网】→【属性】→【Internet 协议版本 4(TCP/IPv4)】→【属性】，依次单击【高级】，如图 7-17 所示，添加 IP 地址“192.168.1.3”和“192.168.1.4”，单击【确定】，完成 IP 地址配置。

(2)在 C 盘中建立目录“C:\myWEB-ip1”和“C:\myWEB-ip2”，并在目录中写入网页文件。

图 7-17　为 Web 服务器添加多个 IP 地址

(3)在【Internet Information Services(IIS)管理器】窗口中，展开【WEB-SERVER】，单击【网站】，在操作栏中单击【添加网站】，输入网站名称，并将 IP 地址“192.168.1.3”和目录“C:\myWEB-ip1”相对应，【端口】使用默认端口 80，如图 7-18 所示。

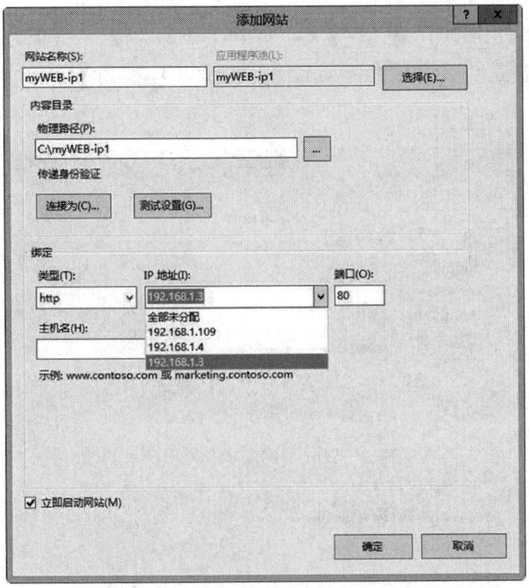

图 7-18　网站 myWEB-ip1 的参数设置

(4)重复上述步骤，完成另一个 Web 网站的发布，使得 IP 地址“192.168.1.4”和目录“C:\myWEB-ip2”相对应，【端口】使用默认端口 80，如图7-19 所示。

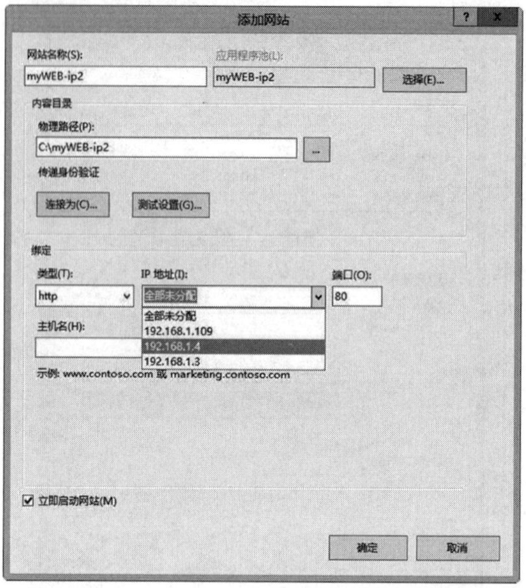

图 7-19　网站 myWEB-ip2 的参数设置

7.3.2　使用一个 IP 地址的不同端口号创建发布多个网站

在同一台服务器上用相同的 IP 地址、不同的端口号发布两个网站，具体步骤如下。

(1)在“C”盘中建立目录“myWEB-port1”和“myWEB-port2”，并在目录中写入网页文件。

(2)在【Internet Information Services(IIS)管理器】窗口中，展开【WEB-SERVER】，单击【网站】，在操作栏中单击【添加网站】，输入网站名称，将 IP 地址“192.168.1.109”和目录“myWEB-port1”相对应，【端口】使用端口 8080，如图 7-20 所示。

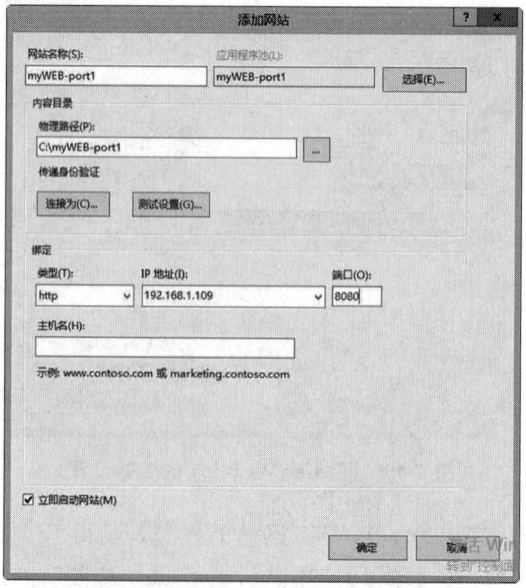

图 7-20　网站 myWEB-port1 的参数设置

(3)重复上述步骤，完成另一个Web网站的发布，使得IP地址“192.168.1.108”和目录“myWEB-port2”相对应，【端口】使用闲置端口8181。

7.3.3 使用虚拟目录发布多个网站

使用虚拟目录发布多个网站的操作如下。

(1)在创建虚拟目录之前需要在硬盘中创建文件夹“C:\myWEB-Virtual1”，作为虚拟目录的主目录，并在目录中写入网页文件。

(2)在【Internet Information Services(IIS)管理器】窗口中，单击【myDynamicWeb】，在操作窗口中依次单击【查看虚拟目录】，如图7-21所示。

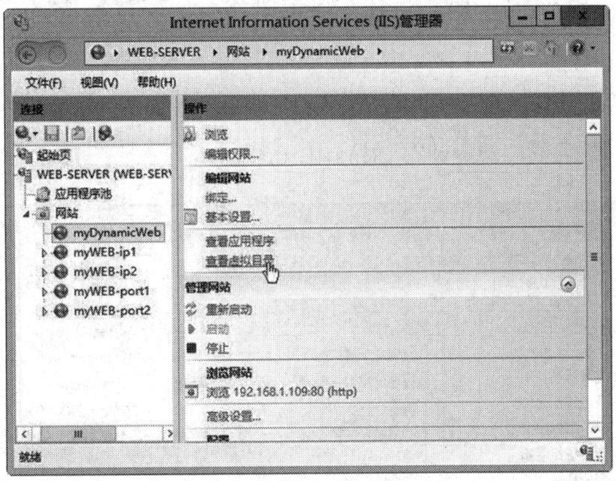

图7-21 为myDynamicWeb添加虚拟目录

(3)单击【添加虚拟目录】，在【添加虚拟目录】对话框中输入虚拟目录的别名和物理路径，在【别名】文本框中输入【myWEB-Virtual1】，在【物理路径】文本框中输入【C:\myWEB-Virtual1】，如图7-22所示，单击【确定】按钮，完成虚拟目录的创建。

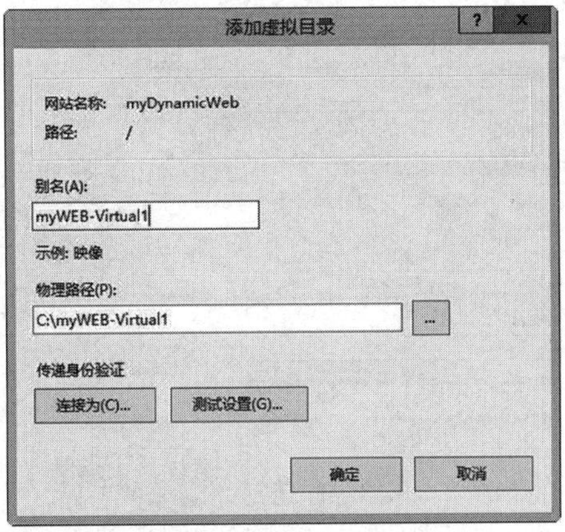

图7-22 设置虚拟目录的别名和物理路径

(4)重复上述步骤，在myDynamicWeb网站中完成另一个虚拟目录的发布，使得别名“myWEB-Virtual2”和目录“C:\myWEB-Virtual2”相对应。

7.3.4 结合 DNS 发布多个网站

结合 DNS 发布多个网站的操作如下。

(1)安装并配置 DNS 服务器，正向查找区域为 gdsspt. cn，域内主机名分别为“www1”和“www2”，IP 地址全部为“192. 168. 1. 109”，配置结果如图 7-23 所示。

(2)在硬盘中创建文件夹“C:\myWeb-DNS1”和“C:\myWeb-DNS1”，并在目录中写入网页文件。

(3)在【Internet Information Services(IIS)管理器】窗口中，展开【WEB-SERVER】，单击【网站】，在操作栏中单击【添加网站】，输入网站名称，将 IP 地址“192. 168. 1. 109”和物理路径“myWEB-DNS1”相对应，【端口】使用端口 80，主机名输入“www1. gdsspt. cn”，具体参数如图 7-24 所示。

(4)用上述同样方法发布另一个网站，IP 地址仍为“192. 168. 1. 109”，物理路径为“myWEB-DNS2”，主机名为“www2. gdsspt. cn”。

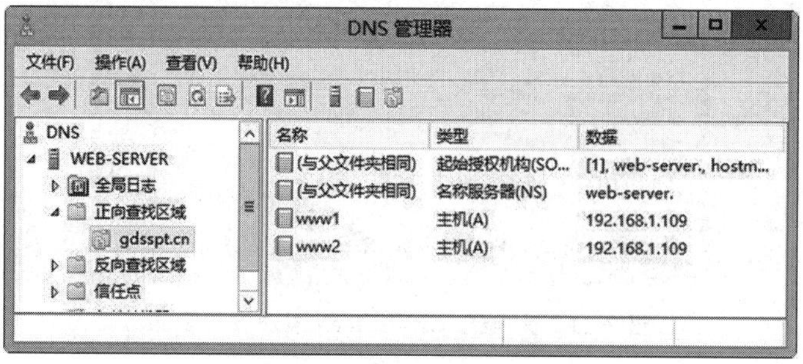

图 7-23 配置 DNS 服务器

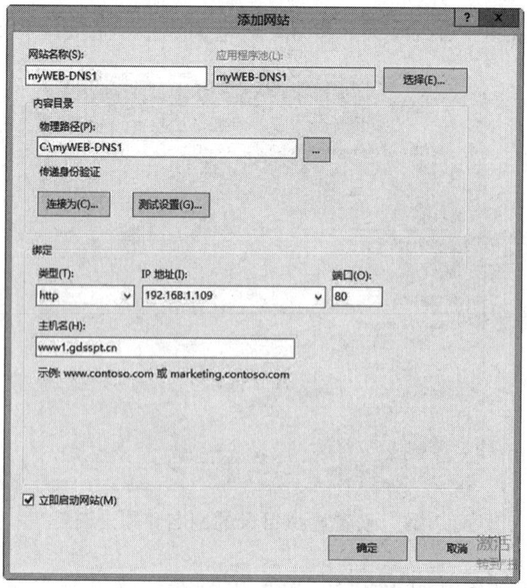

图 7-24 网站 myWEB-DNS1 的参数设置

至此，单机发布多个网站的 4 种方法全部结束，结果如图 7-25 所示。

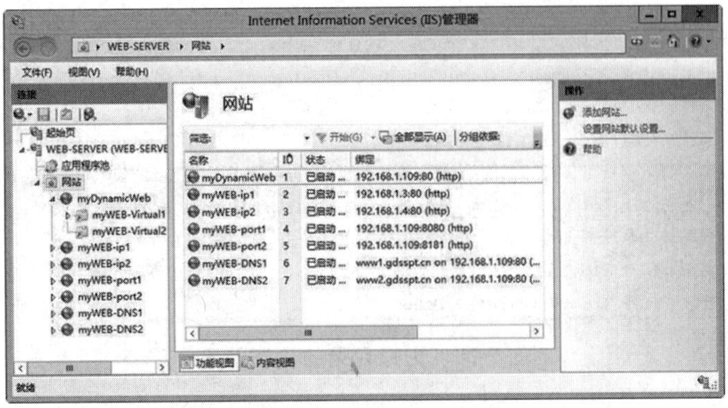

图 7-25　WEB-SERVER 中的全部 Web 服务器列表

7.3.5　单服务器发布多个 Web 网站的验证

(1)验证 1：使用多个不同 IP 地址发布网站的验证结果如图 7-26 所示。

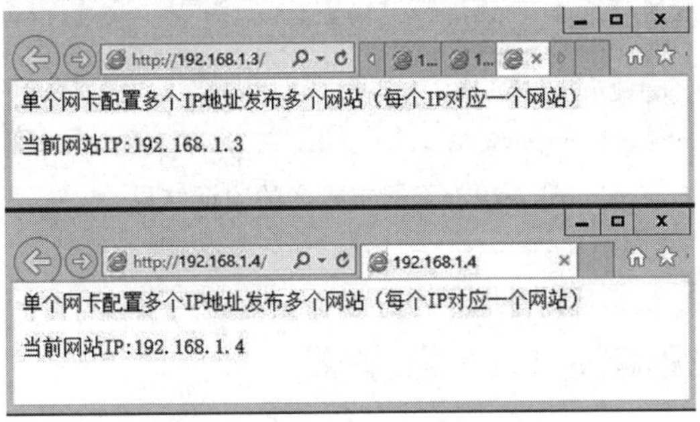

图 7-26　单服务器多 IP 的验证结果

(2)验证 2：使用一个 IP 地址的不同端口号发布网站的验证结果如图 7-27 所示。

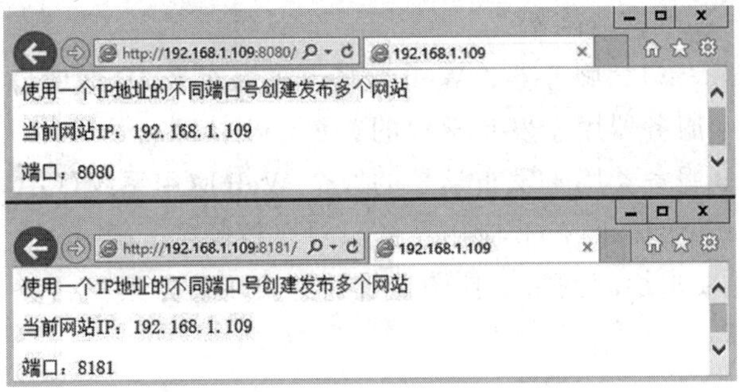

图 7-27　单 IP 多端口的验证结果

(3)验证 3：使用虚拟目录发布网站的验证结果如图 7-28 所示。

(4)验证 4：使用不同主机名发布网站的验证结果如图 7-29 所示。

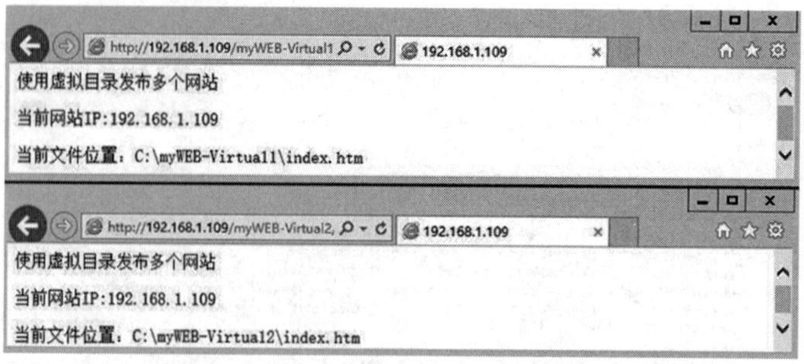

图 7-28　虚拟目录的验证结果

图 7-29　不同主机名的验证结果

7.4　根据需求架设 Web 服务器

任务描述：某学校用 2 台服务器部署了 4 个 Web 网站，现在需要通过 FTP 对 Web 服务器进行更新与管理。

任务要求：

(1)仅管理员有权限更新网站。

(2)DNS 服务器、FTP 服务器、Web 服务器的域名及 IP 地址自行规划。

(3)第一台 Web 服务器用于发布学校的首页，支持匿名访问。

(4)第二台 Web 服务器用于发布学校的 3 个 Web 应用系统(OA 系统、教学管理系统、图书借阅系统)，该 3 个 Web 应用系统只对全校师生开放。

(5)请根据上述要求绘制网络拓扑图，设计并实现该方案。

第 8 章　FTP 服务器的配置与管理

项目任务

某高校组建了校园网，发布了学院与各系部的网站，为了便于技术人员能够及时更新网页内容，需要为现有的 Web 服务器添加 FTP 服务功能，以实现 Web 服务器的远程管理。

项目目标

- 掌握架设 FTP 服务器的方法。
- 熟悉 FTP 站点的权限管理与安全设置。
- 掌握单机发布多个 FTP 站点的方法。

8.1　初识 FTP

在当前企业网络环境中，文件传输使用的最主要的传输方式是 FTP 协议，该方式将文件存储在 FTP 服务器上的主目录中以便用户可以建立 FTP 连接，然后通过 FTP 客户端进行文件传输。

8.1.1　FTP 相关概念

1. FTP 的定义

FTP 是 File Transfer Protocol(文件传输协议)的英文简称。它用于 Internet 上的控制文件的双向传输。同时，它也是一个应用程序(Application)。用户可以通过它把自己的计算机与世界各地所有运行 FTP 协议的服务器相连，访问服务器上的文件信息。FTP 的主要作用就是让用户连接上一个远程计算机(这些计算机上运行着 FTP 服务器程序)以查看远程计算机有哪些文件，然后把文件从远程计算机上拷贝到本地计算机，或把本地计算机的文件传送到远程计算机上。

2. FTP 的原理

一个完整的 FTP 文件传输需要建立两种类型的连接：一种为文件传输下载命令，称为控制连接；另一种实现真正的文件传输，称为数据连接。

(1)控制连接

客户端希望与 FTP 服务器建立上传下载的数据传输时，它首先向服务器的 TCP 21 端口发起一个建立连接的请求，FTP 服务器接收来自客户端的请求，完成连接的建立过程，这样的连接就称为 FTP 控制连接。

(2)数据连接

FTP 控制连接建立之后，即可开始传输文件，传输文件的连接称为 FTP 数据连接。FTP 数据连接就是 FTP 传输数据的过程，它有两种传输模式：主动传输模式(PORT)和被动传输模式(PASSIVE，简称 PASV)。主动传输模式下，FTP 服务器使用 20 端口与客户端的暂时端口进行连接，并传输数据，客户端只是处于接收状态。被动传输模式下，FTP 服务器打开一个暂时性端口等待客户端与其进行连接，并传输数据，服务器并不参与数据的主动传输，只是被动接受。

8.1.2 FTP 的传输过程

用户在使用 FTP 传输数据时，整个 FTP 建立连接的过程须经过以下步骤。

(1)FTP 服务器会自动对默认端口(21)进行监听，当某个客户端向这个端口请求建立连接时，便激活了 FTP 服务器上的控制进程。通过这个控制进程，FTP 服务器对连接用户名、密码以及连接权限进行身份验证。

(2)当 FTP 服务器身份验证完成以后，FTP 服务器和客户端之间还会建立一条传输数据的专有连接。

(3)FTP 服务器在传输数据过程中的控制进程将一直工作，并不断发出指令控制整个 FTP 传输数据，传输完毕后控制进程给客户端发送结束指令。

8.2 FTP 服务器的安装及配置

8.2.1 架设 FTP 服务器的需求和环境

在架设 FTP 服务器前需满足以下要求。

(1)设置 FTP 服务器的 TCP/IP 属性，手动指定 IP 地址、子网掩码、默认网关和 DNS 服务器 IP 地址等。

(2)设置域环境，域名为 gdsspt.cn。

本章所有实例都在同一个域环境下，域名为 gdsspt.cn。其中 FTP 服务器主机名为 Server 2012，其本身也是域控制器和 DNS 服务器，IP 地址为 192.168.1.108；FTP 客户机主机名为 client，IP 地址为 192.168.1.100。这两台计算机都是域中的计算机，具体网络拓扑结构如图 8-1 所示。

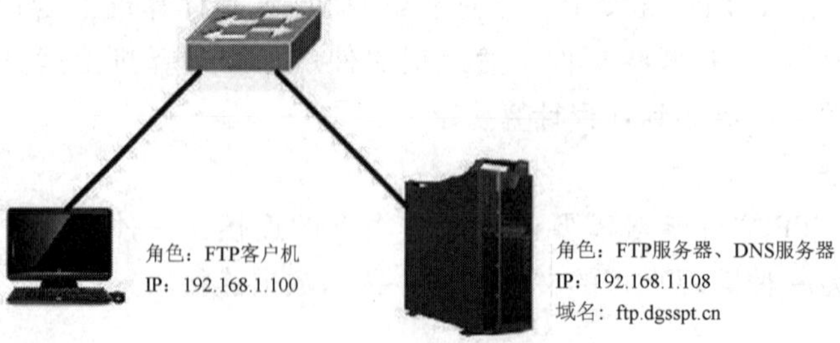

图 8-1　网络拓扑结构

8.2.2 安装 FTP 角色

(1)单击【开始】→【服务器管理器】→【管理】→【添加角色和功能】，打开如图 8-2 所示的【添加角色和功能向导】对话框，在【安装类型】选项卡中选择【基于角色或基于功能的安装】，单击【下一步】按钮。

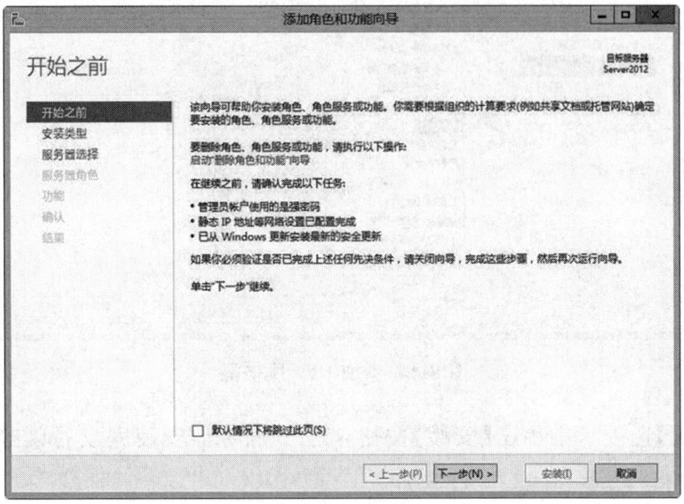

图 8-2 添加角色向导

(2)在【服务器选择】选项卡中选择本机，单击【下一步】按钮，在【服务器角色】选项卡中选择【Web 服务器(IIS)】服务，如图 8-3 所示，再单击【下一步】按钮。

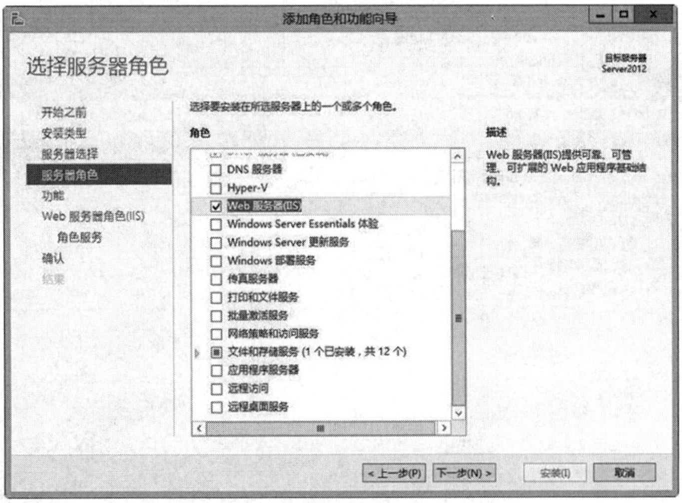

图 8-3 添加 Web 服务器

(3)在【功能】和【Web 服务器角色】选项卡中连续单击【下一步】按钮进入【选择角色服务】界面，选择【FTP 服务】和【FTP 扩展】两个服务，如图 8-4 所示，再单击【下一步】按钮。

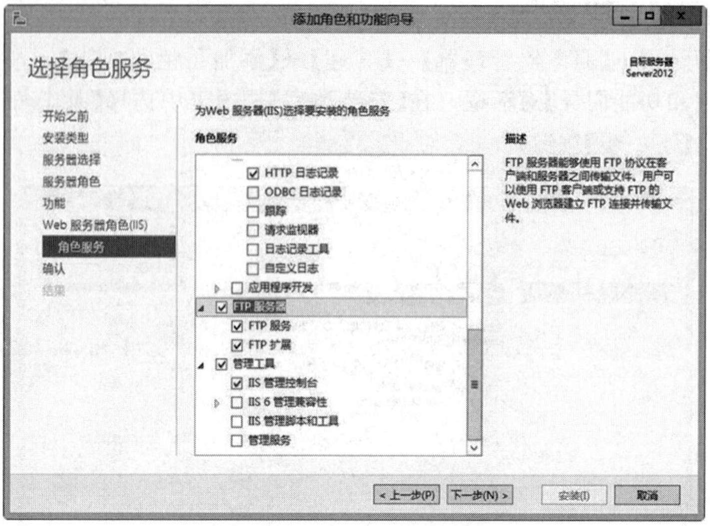

图 8-4　添加 FTP 服务器

(4)在【确认】选项卡中单击【安装】按钮，FTP 服务器安装完成后单击【关闭】按钮。

8.2.3　FTP 服务的停止和启动

要改变 FTP 服务器的工作状态，可以使用如下两种方法。

(1)使用【IIS 管理器】控制台：单击【服务管理器】→【工具】→【Internet Information Services(IIS)管理器】→【SERVER2012】，在如图 8-5 所示的管理器界面中即可启动、停止或重新启动 FTP 服务。

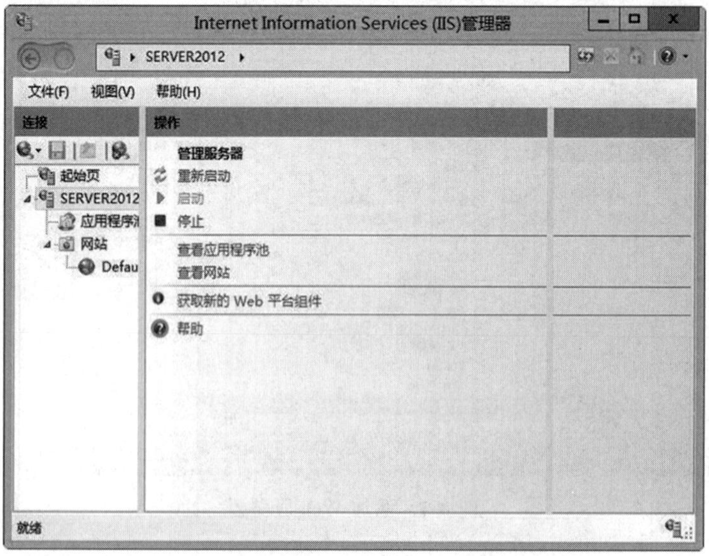

图 8-5　服务器的状态选择方法一

(2)使用【服务】控制台：单击【开始】→【管理工具】→【服务】，打开【服务】控制台，如图 8-6 所示，找到服务【Microsoft FTP Service】，通过选择窗口左侧的【停止此服务】

【暂停此服务】【重启动此服务】也可对 FTP 服务进行管理。

图 8-6　服务器的状态选择方法二

8.2.4　创建第一个 FTP 站点

在 FTP 站点上创建一个新站点 GDSSPT-FTP，用户在客户机上能够通过 IP 地址访问该站点，具体步骤如下。

(1)在创建 FTP 站点之前，需要准备 FTP 站点的主目录以便用户可以上传/下载文件。本实例以文件夹“C:\myFirstFTP”作为 FTP 站点的主目录，供用户在客户机上下载和上传测试。

(2)在【Internet Information Services(IIS)管理器】窗口中，右键单击服务器【SERVER2012】，选择【添加 FTP 站点】，如图 8-7 所示。

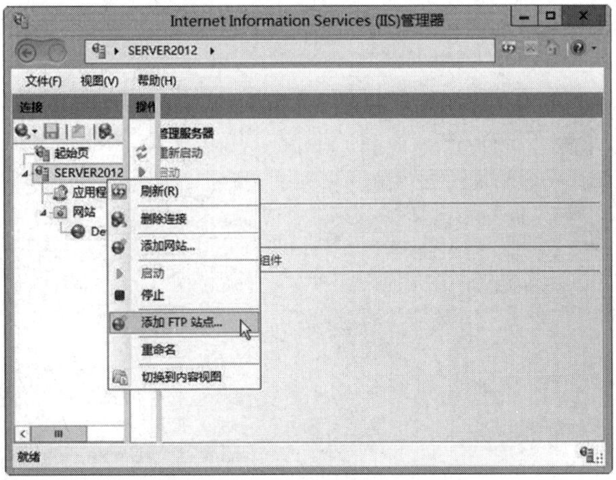

图 8-7　添加 FTP 站点

(3)在【添加 FTP 站点】页面中，输入 FTP 站点名称及其物理路径，如图 8-8 所示。

(4)在【绑定和 SSL 设置】界面中，选择本机 IP 地址“192.168.1.108”，在 SSL 选项中选择【无 SSL】，具体如图 8-9 所示，单击【下一步】按钮。

注意：

• 绑定 IP 地址选项默认为全部未分配，其含义为该服务器的全部 IP 地址都可以用于 FTP 服务，如果选择服务器的某个 IP 地址，则服务器仅通过该 IP 地址提供 FTP 服务。

• SSL(Secure Sockets Layer，安全套接层)是为网络通信提供安全及数据完整性的一种安全协议。SSL 在传输层对网络连接进行加密，用以保障在 Internet 上数据传输的安全，利用数据加密(Encryption)技术，可确保数据在网络传输过程中不会被截取及窃听。SSL 协议可分为两层：①SSL 记录协议(SSL Record Protocol)，它建立在可靠的传输协议(如 TCP)之上，为高层协议提供数据封装、压缩、加密等基本功能的支持。②SSL 握手协议(SSL Handshake Protocol)，它建立在 SSL 记录协议之上，用于在实际的数据传输开始前，通信双方进行身份认证、协商加密算法、交换加密密钥等。

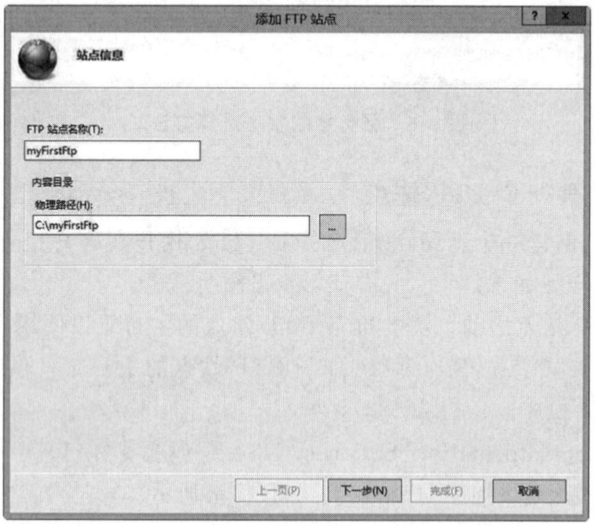

图 8-8　设置物理路径

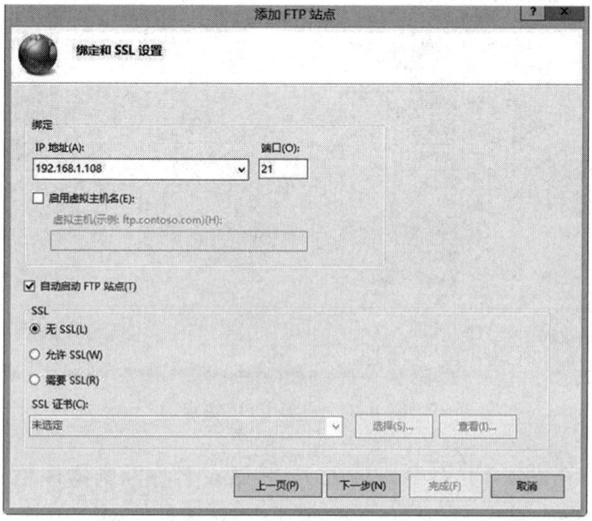

图 8-9　绑定 IP 地址

(5)如图 8-10 所示，在身份验证选项中，选中【匿名】和【基本】复选框；在授权访问选项中，选择【所有用户】，并赋予用户读写权限。

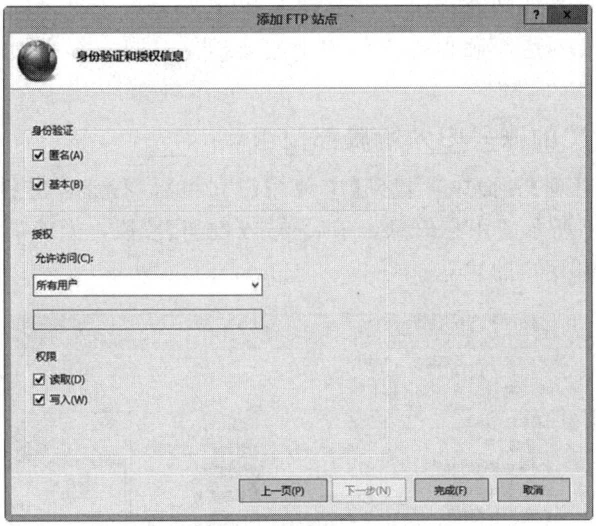

图 8-10　设置身份验证方式

身份验证的规则是：如果可能的话，将首先以匿名用户的身份通过验证。从资源角度考虑，这种方式只要求在服务器上启用匿名身份验证方式，即确保匿名用户拥有访问请求资源的权限；而基本身份验证则要求用户在访问时必须输入账户和密码，经服务器验证通过方可继续访问。【授权】是指用于设置访问本服务器的访问者的身份列表(用户或组)；【权限】中的读取权限即为“打开”“浏览”“复制”“下载”文件或文件夹，而写入权限不仅包含常规意义中的“上传”，还包括了“修改”“删除”操作。

(6)在客户机中打开资源管理器，在地址栏中输入 ftp://192.168.1.108，即可匿名访问 FTP 服务器，访问结果如图 8-11 所示。

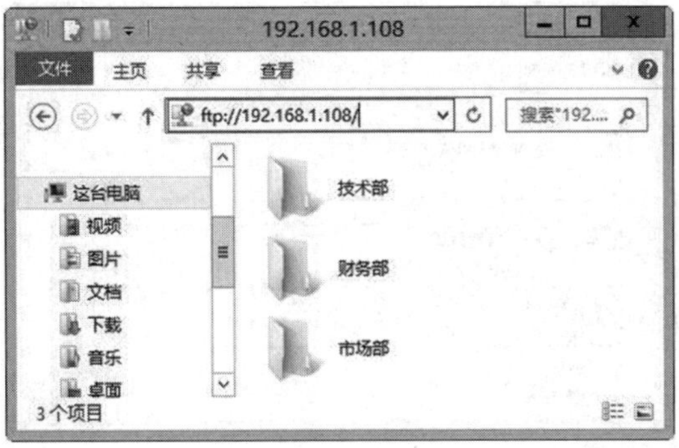

图 8-11　客户机的验证结果

8.3　FTP 服务器权限管理

在实际应用中，一台 FTP 服务器上往往存储了多个部门的文档，有时为了提高工作效率或者完善部分机构的保密措施，有些文档仅能被部分员工访问，因此，需要对 FTP 服务器进行针对性的业务定制，例如：通过设置 FTP 服务器禁止匿名，解决来宾用户对企业文件服务器的随意访问；通过设置 FTP 站点各子目录的文件权限，将员工账号与其部门目录相对应，确保各文件夹中的文档仅对同一部门的员工开放，降低文档被误删除的可能。

8.3.1 将员工的账号归入所属部门组

(1)在【计算机管理】界面中，找到【本地用户和组】，右键单击【用户】，选择【新用户】，输入如图 8-12 所示的用户信息，最后单击【创建】按钮，完成员工账号的创建，重复该步骤，完成全部用户的建立。

图 8-12 建立用户

(2)分别为技术部、财务部、市场部建立用户组，并将全部用户归于相应组中，结果如图 8-13 所示。

图 8-13 建立并管理用户组

8.3.2 关闭匿名访问

单击【Internet Information Services(IIS)管理器】中的【myFirstFTP】，双击右侧窗口中的【FTP 身份验证】，将【匿名身份验证】设置为禁用状态，设置结果如图 8-14 所示。

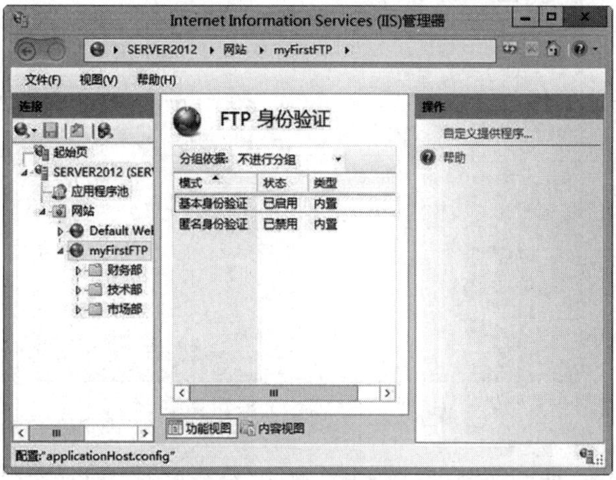

图 8-14 禁用匿名访问

8.3.3 配置 FTP 服务器权限(一)

(1)在【Internet Information Services(IIS)管理器】中，单击【网站】→【myFirstFTP】→【财务部】，双击【财务部主页】中的【FTP 授权规则】，如图 8-15 所示。

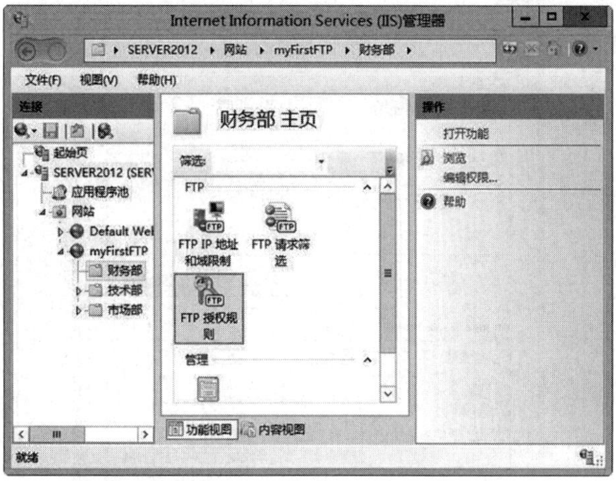

图 8-15 FTP 授权规则

(2)默认情况下，所有用户都可对当前的财务部文件进行读写操作，从安全性考虑，将默认规则删除，并重新添加访问规则。单击【添加允许授权规则】，设置财务组 Finance Department 成员对该文件夹具有读写权限，设置界面如图 8-16 所示，单击【确定】按钮保存设置。

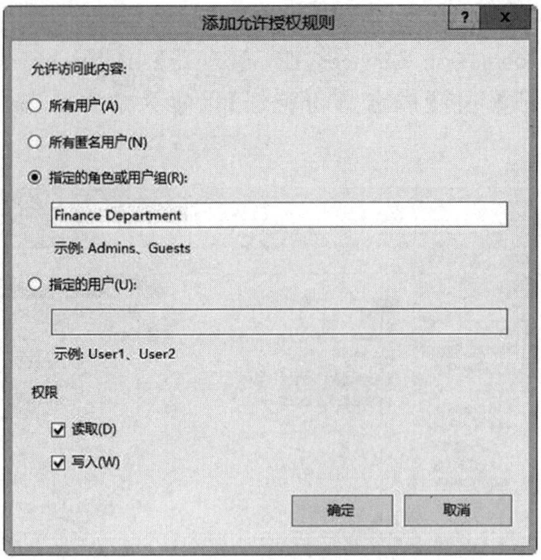

图 8-16 添加允许授权规则

(3)返回到图 8-15 所示的界面，单击右侧的【编辑权限】，设置“财务部”的安全权限，此处可以结合具体需求及前面所学的文件权限对该文件夹的访问权限进行设置。如图 8-17 所示，这里赋予 Finance Department 成员对该文件夹具有“完全控制权限”，单击【确定】按钮保存设置。

图 8-17 用户组权限设置

8.3.4 配置 FTP 服务器权限(二)

(1)在【Internet Information Services(IIS)管理器】中，单击【网站】→【myFirstFTP】→

【财务部】，双击【技术部主页】中的【FTP 授权规则】，单击操作窗口中的【编辑拒绝授权规则】，拒绝财务组 Finance Department 和市场组 Marketing Department 的成员对该文件夹具有读写权限，设置界面如图 8-18 所示，单击【确定】按钮保存设置，结果如图 8-19 所示。

图 8-18 添加拒绝授权规则

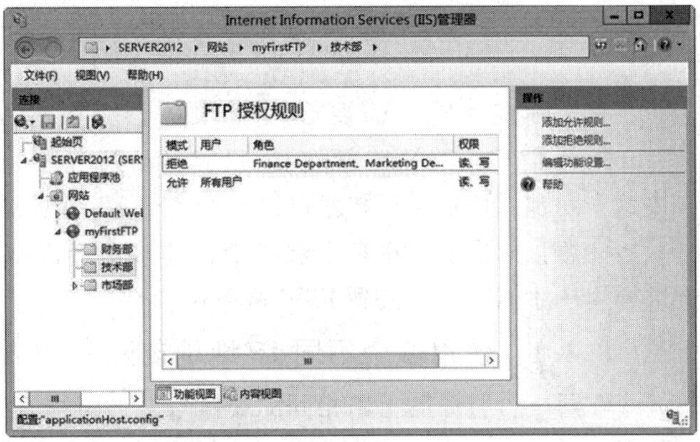

图 8-19 拒绝授权规则生效

(2)返回到【技术部主页】，单击【操作】界面中的【编辑权限】，设置“技术部”的安全权限。如图 8-20 所示，这里赋予 Technical Department 成员对该文件夹具有“完全控制权限”，单击【确定】按钮保存设置。

图 8-20 用户组权限设置

8.3.5 客户端的验证

打开客户机的资源管理器，输入 ftp://192.168.1.108，分别使用三个部门的用户账号登录，依次对服务器中的“市场部”“技术部”“财务部”的三个目录进行浏览访问，验证读写权限。

8.4 单机创建多个 FTP 服务器

在实际应用中，需要在一台服务器上同时运行多个不同的 FTP 站点，但是“Internet 信息服务(IIS)管理器”只能启动其中一个，因此需要用到虚拟主机技术来解决这个问题。虚拟主机技术可以使用多个 IP 地址或多个端口来创建不同的 FTP 站点。

注意：如果要使用多个端口来创建多个 FTP 站点，需要将新端口号通知给用户，这样用户才能正常连接到 FTP 服务器。

8.4.1 使用多个不同 IP 地址创建 FTP 站点

在同一台服务器上用相同的端口号、不同的 IP 地址创建多个 FTP 站点，具体步骤如下。

(1)打开 FTP 站点的【网络和共享中心】，单击【更改适配器设置】→【以太网】→【属性】→【Internet 协议版本 4(TCP/IPv4)】→【属性】，依次单击【高级】，如图 8-21 所示，添加 IP 地址“192.168.1.8”和“192.168.1.9”，单击【确定】按钮，完成 IP 地址配置。

(2)在“C”盘中建立目录“newFTP _ IP1”和“newFTP _ IP2”。

图 8-21 为服务器增加多个 IP 地址

(3)参考“8.2.4 创建第一个 FTP 站点”，在【Internet Information Services(IIS)管理器】窗口中新建 FTP 站点，将 IP 地址“192.168.1.8”和目录“newFTP _ IP1”相对应，【端口】使用默认端口 21，且无 SSL 加密，物理路径和端口等配置参数如图 8-22 和图 8-23 所示。

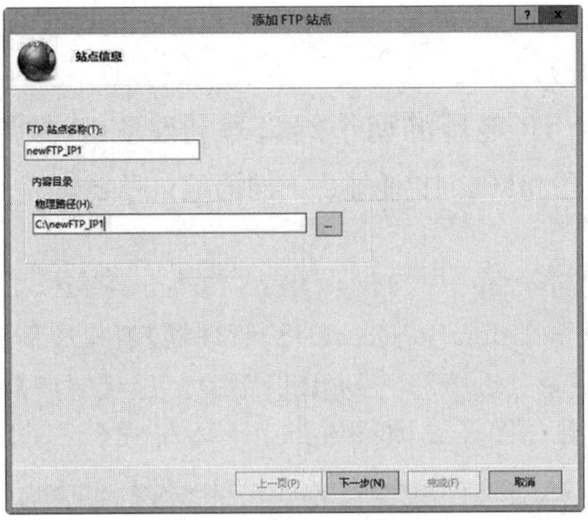

图 8-22　添加新 FTP 站点

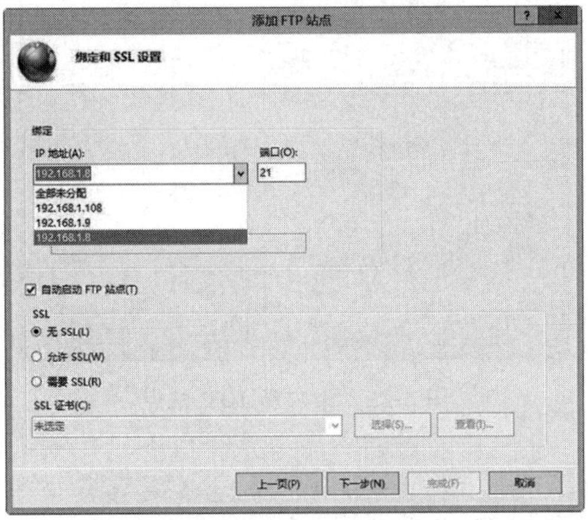

图 8-23　绑定新 IP 地址

(4)在【身份验证和授权信息】界面中，勾选【匿名】和【基本】复选框，授权允许所有甲户访问，并勾选【读取】和【写入】复选框，单击【完成】按钮，结果如图 8-24 所示。

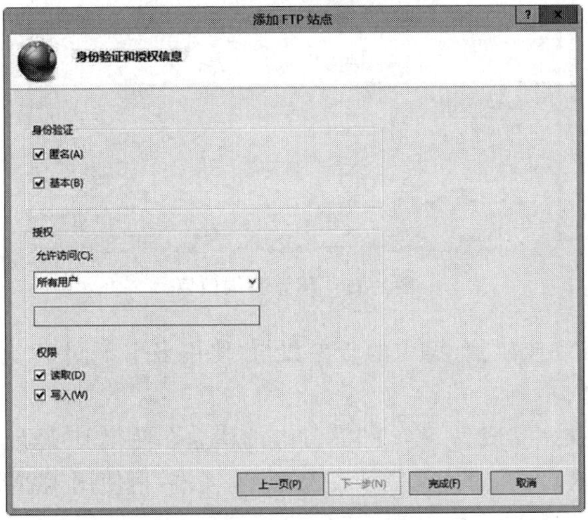

图 8-24　配置身份验证和授权规则

(5)重复上述步骤，完成另一个 FTP 站点的建立，使得 IP 地址“192.168.1.9”和目录“newFTP _ IP2”相对应。

8.4.2 使用一个 IP 地址的两个端口号创建 FTP 站点

在同一台服务器上用相同的 IP 地址、不同的端口号创建两个 FTP 站点，具体步骤如下。

(1)在“C”盘中建立目录“newFTP _ PORT1”和“newFTP _ PORT2”。

(2)在【Internet Information Services(IIS)管理器】窗口中新建 FTP 站点，将 IP 地址“192.168.1.108”和目录“newFTP _ PORT1”相对应，【端口】使用端口 2121，【SSL】选择【无 SSL】，相关参数如图 8-25 和图 8-26 所示，单击【下一步】按钮。

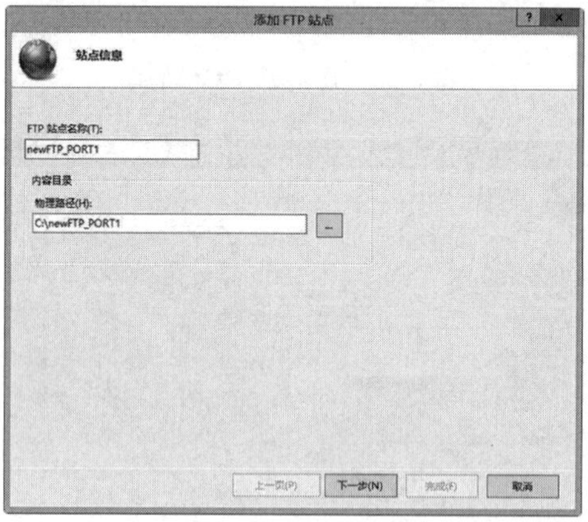

图 8-25　添加新 FTP 站点

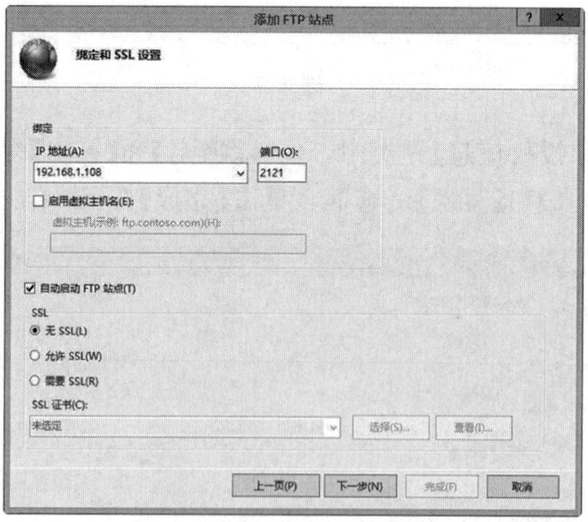

图 8-26　配置新端口值

(3)在【身份验证和授权信息】中的各参数与“使用多个不同 IP 地址创建 FTP 站点”一致，这里不再赘述。

(4)重复上述步骤，完成另一个 FTP 站点的建立，使得 IP 地址“192.168.1.108”和目录“newFTP _ PORT2”相对应，需要注意的是，【端口】使用闲置端口 2222。

8.4.3 使用虚拟目录创建 FTP 站点

虚拟目录是位于 FTP 主目录以外的物理目录的别名。使用别名的好处在于可以发布多个目录下的内容以供所有用户访问，拓展 FTP 站点的存储能力。即使在用户隔离模式，也可以通过创建虚拟目录来共享公共内容，实现所有用户对共享资源的访问。

FTP 虚拟目录分为本地虚拟目录和远程虚拟目录两种。本地虚拟目录既可以位于与 FTP 站点主目录相同的磁盘分区上，也可以位于本地的其他磁盘上；远程虚拟目录则位于网络中的其他计算机上。

如果 FTP 站点包含的文件位于主目录以外的某个目录或在其他计算机上，必须创建虚拟目录将这些文件包含到 FTP 站点中。要创建指向另一台计算机上的物理目录的虚拟目录，必须指定该目录的完整 UNC 路径以及具有访问目录权限的用户名和密码。

表 8-1 显示了文件的物理位置与访问这些文件的 URL 之间的映射关系。

表 8-1　虚拟目录和物理路径

URL	物理位置	别名
ftp://192.168.1.108	C:\myFirstFTP	主目录(无)
ftp://192.168.1.108/newFTP _ Virtual	C:\newFTP _ Virtual	newFTP _ Virtual

(1)在创建虚拟目录之前需要在硬盘中创建文件夹“C:\newFTP _ Virtual”作为虚拟目录的主目录。

(2)在【Internet Information Services(IIS)管理器】窗口中，右键单击【myFirstFTP】，在弹出的菜单中选择【添加虚拟目录】，如图 8-27 所示。

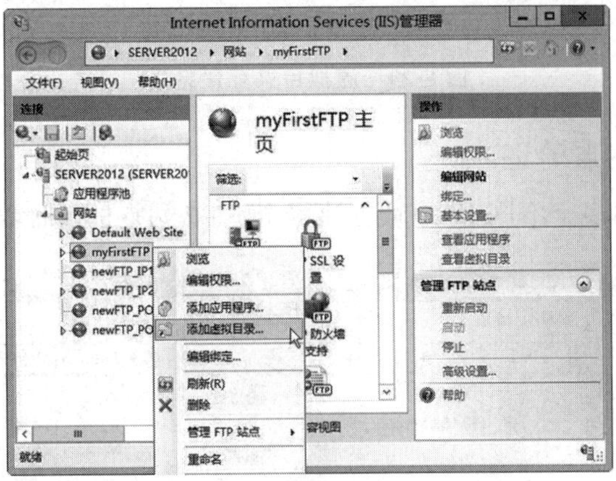

图 8-27　为 myFirstFTP 添加虚拟目录

(3)在【添加虚拟目录】对话框中输入虚拟目录的别名和物理路径，在【别名】文本框中输入“newFTP _ Virtual”，在【物理路径】文本框中输入“C:\newFTP _ Virtual”，如图 8-28 所示，单击【确定】按钮，完成虚拟目录的创建。

(4)返回【Internet Information Services(IIS)管理器】控制台，如图 8-29 所示，可以看到在站点“myFirstFTP”下存在虚拟目录“newFTP _ Virtual”。

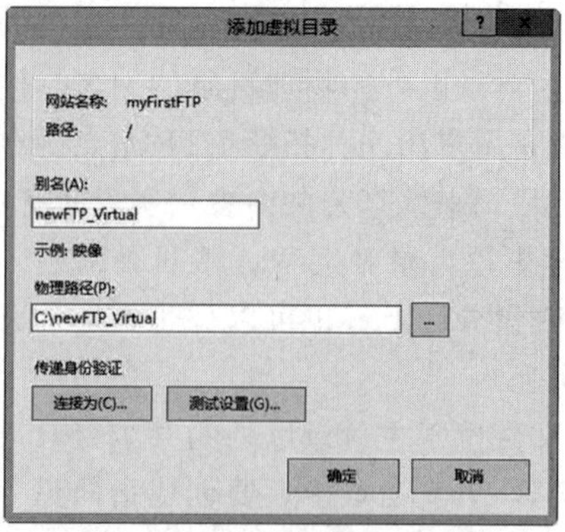

图 8-28　设置虚拟目录的物理路径

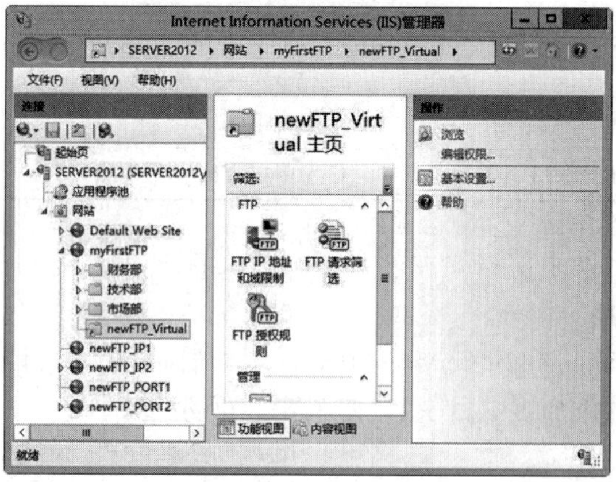

图 8-29　虚拟目录配置完成

8.4.4　FTP 站点验证

(1)验证 1：使用多个不同 IP 地址创建多个 FTP 站点的验证结果如图 8-30 所示。

图 8-30　单服务器多 IP 的验证结果

(2)验证 2：使用一个 IP 地址的两个端口号创建 FTP 站点的验证结果如图 8-31 所示。

图 8-31 单 IP 多端口的验证结果

(3)验证 3：使用虚拟目录创建 FTP 站点的验证结果如图 8-32 所示。

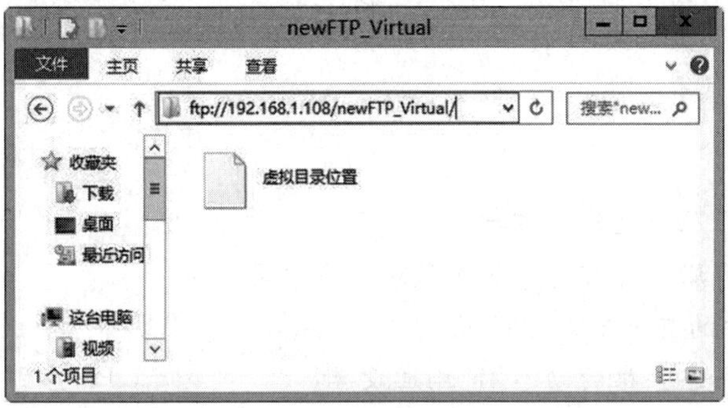

图 8-32 虚拟目录的验证结果

8.5 根据需求架设 FTP 站点

8.5.1 在 Windows Server 2012 中完成 FTP 服务器的基本配置

(1)设置 FTP 服务器的 IP 地址为 192.168.1.200，FTP 站点目录为 C:\myFTP。

(2)仅管理员和匿名账户可以访问 FTP 站点，其中管理员可以对站点中的文件/目录进行管理，匿名用户只可以浏览 FTP 服务器的内容，禁止进行文件上传。

(3)在客户端上分别使用管理员和匿名账户对 FTP 服务器进行测试。

8.5.2 结合 DNS 服务配置 FTP 服务器

(1)在局域网中现有 DNS 服务器一台，FTP 服务器两台，其中 DNS 的 IP 地址为 192.168.1.253，两台 FTP 服务器(A，B)的 IP 地址及其对应的域名自行定义。

(2)服务器禁止匿名访问。

(3)在服务器 A 上通过端口号创建两个 FTP 站点。

(4)在服务器 B 上通过不同 IP 地址创建两个 FTP 站点。

(5)画出网络结构拓扑图，并完成 DNS 和 FTP 服务器的配置。

第 9 章　利用 DHCP 自动分配 IP 地址

项目任务

某企业的服务器和计算机都部署在同一个企业内部网络中，通过路由器接入互联网，为了使得网络畅通，必须保证计算机的 IP 地址、网关、DNS 参数配置正确，且 IP 地址不冲突。在实际应用中，由于存在大量的移动终端也需要融入企业内部网，因此，如何为计算机和移动终端分配 IP 地址是网络管理员的一项重要工作任务。使用 DHCP 服务器为客户机统一分配网络参数，可以极大地减轻网络管理员的负担，提高网络管理员的工作效率，并减少发生 IP 地址故障的可能性。

项目目标

- 了解 DHCP 服务器的工作原理。
- 掌握 DHCP 服务器常用配置方法和配置步骤。
- 能根据客户的需求规划作用域。
- 掌握 DHCP 客户机的动态 IP 地址设置。
- 熟悉 DHCP 服务器备份、还原与日志管理。

9.1　DHCP 简介

9.1.1　DHCP 概述

DHCP 全称是 Dynamic Host Configuration Protocol(动态主机配置协议)，是一个简化主机 IP 地址分配管理的 TCP/IP 标准协议。它可以自动为局域网中的每一台计算机分配 IP 地址、子网掩码、网关以及 DNS 服务器等相关的环境配置信息。

在使用 TCP/IP 协议的网络上，每一台计算机都拥有唯一的计算机名和 IP 地址。分配 IP 地址的方式有两种：一种是静态管理，由网络管理员手工配置 TCP/IP 协议的各种参数；另一种是动态管理，即自动获取，若网络中没有 DHCP 服务器，计算机会被自动分配一个自动专用 IP 地址(Automatic Private IP Addressing，APIPA)，即 169.254.0.1～169.254.255.254 范围内的 IP 地址。若网络中有 DHCP 服务器，则由 DHCP 服务器对 IP 地址进行动态管理。

手动分配静态 IP 地址的操作不但烦琐，而且容易出错，易造成地址冲突，一般适用于规模较小的网络。在规模较大的网络中，使用 DHCP 服务可以集中管理网络中的 TCP/IP 配置，不仅减少了管理员的工作量和输入错误的可能性，还避免了 IP 地址冲突。当网络更改 IP 地址段时，不需要重新配置每台计算机的 IP，这对于移动或便携式计算机频繁更改位置的用户很有用。

9.1.2 使用 DHCP 分配 IP 地址的优缺点

DHCP 是非常优秀的 IP 地址管理工具，主要具有以下 3 个优点。

①提高效率：客户机自动从 DHCP 服务器获得 IP 地址、子网掩码、默认网关及 DNS 服务器，不需要手动设置，工作效率高，不会出现输入错误，减少了网络故障。

②便于管理：当网络使用的 IP 地址段改变时，只需要修改 DHCP 服务器的 IP 地址池即可，不必修改网络内的计算机的 IP 地址等参数。

③节约 IP 地址资源：使用 DHCP 服务器时，只有当客户机请求时才提供 IP 地址，当关机后会自动释放该 IP 地址。通常情况下，网络内的计算机并不都是同时开机，因此，即使 IP 地址数量较少，也能够满足较多计算机的需求。

当然，DHCP 也存在一些缺点。如果 DHCP 服务器设置错误或出现故障，会造成网络中所有 DHCP 客户机无法正常获得 IP 地址。因此，通常可在一个网络中配置两台以上的 DHCP 服务器，如果其中一台服务器失效，可由另一台(或几台)DHCP 服务器提供服务，保证网络的正常运行。

9.1.3 DHCP 地址租约过程

DHCP 系统由 DHCP 服务器和 DHCP 客户机组成。DHCP 服务器是安装了 DHCP 服务的计算机，DHCP 客户机就是启用 DHCP 功能的计算机，每次启动并加入网络时，动态地获得其 IP 地址和相关配置参数。

DHCP 客户机从第一次启动到获得 IP 租约，需要经过 4 个阶段与 DHCP 服务器建立联系，如图 9-1 所示。

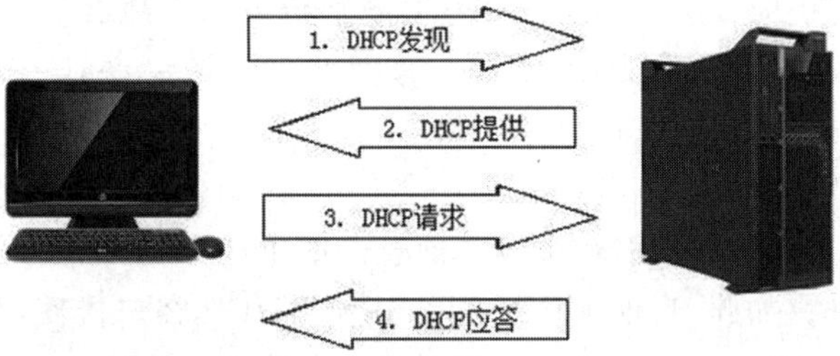

图 9-1 DHCP 的工作过程

(1)第一阶段：DHCP 发现(DHCP DISCOVER)

发现阶段是 DHCP 客户机寻找 DHCP 服务器的过程。DHCP 客户机启动后，向网络上广播一个 DHCP DISCOVER 信息包，目的是寻找网络上的一个 DHCP 服务器能够提供 IP 租约。发出 TCP/IP 配置请求时，DHCP 客户机既不知道自己的 IP 地址，也不知道服务器的 IP 地址，即将 0.0.0.0 作为自己的 IP 地址，255.255.255.255 作为服务器的 IP 地址。网络上每一台安装了 TCP/IP 的主机都会接收到这种广播信息，但只有 DHCP 服务器才会做出响应。

(2)第二阶段：DHCP 提供(DHCP OFFER)

网络中的所有 DHCP 服务器在收到 DHCP 客户机的 DHCP 发现信息后，就从该服务器的 IP 地址池中选取一个没有出租的 IP 地址，以广播方式(因为客户机还没有 IP 地址)提供给 DHCP 客户机。在 DHCP 服务器广播的消息中包含以下内容：源地址，

DHCP 服务器的 IP 地址；目标地址，因为这时客户机还没有自己的 IP 地址，所以用广播地址 255.255.255.255；客户机地址，DHCP 服务器提供的一个客户机使用的 IP 地址；另外还有客户机的 MAC 地址、子网掩码、租约的时间长度和该 DHCP 服务器的标识符等。

(3)第三阶段：DHCP 请求(DHCP REQUEST)

如果有多台 DHCP 服务器向 DHCP 客户机发来 DHCP OFFER 请求报文消息，客户机从不止一台 DHCP 服务器接收到提供信息后，会选择第一个收到的 DHCP OFFER 包，然后会以广播的方式发送一个 DHCP REQUEST 请求报文信息给网络中所有的 DHCP 服务器，表明自己已经接收了一个 DHCP 服务器提供的 IP 地址，其他的 DHCP 服务器可以撤销它们提供的 IP 地址租约了。在 DHCP 请求信息中包含所接受的 IP 地址和所选择的 DHCP 服务器的 IP 地址。

(4)第四阶段 DHCP 应答(DHCP ACK)

被选择的 DHCP 服务器接收到 DHCP 客户机的 DHCP REQUEST 广播信息包之后，就将这个 IP 地址标识为已租用，并以广播方式返回给客户机一个 DHCP 的 ACK 信息包，表明已经接受客户机的选择，然后将这一 IP 地址的合法租用以及其他的配置信息放入该广播包发给客户机。DHCP 客户机在接收 DHCP 应答信息后，就完成了获得 IP 地址的过程。

9.1.4 重新登录和更新租约

1. 重新登录

不管 IP 地址的租期有没有到期，DHCP 客户机每次重新登录网络时，就不需要再发送 DHCP DISCOVER 发现报文消息了，而是直接发送包含前一次所分配的 IP 地址的 DHCP REQUEST 请求报文信息。

当 DHCP 服务器收到这一消息后，它会尝试让 DHCP 客户机继续使用原来的 IP 地址，并回答一个 DHCP ACK 确认报文消息。如果此 IP 地址已无法再分配给原来的 DHCP 客户机使用时(如此 IP 地址已分配给其他 DHCP 客户机使用)，则 DHCP 服务器给 DHCP 客户机回答一个 DHCP NACK 否认报文消息。当原来的 DHCP 客户机收到此 DHCP NACK 否认报文消息后，它就必须重新发送 DHCP DISCOVER 发现报文消息来请求新的 IP 地址。

2. 更新租约

DHCP 客户机虽然获得了 IP 地址，但不能长期占用，而是有一个租用期限，即租期。DHCP 客户机每次重新启动或者手动更新时，都会向 DHCP 服务器请求继续使用原来的 IP 地址，并获得新的租约。

IP 地址租约的更新有手动和自动两种方式。

(1)手动方式：用户使用 ipconfig/release 命令释放现有的租约，并使用 ipconfig/renew 获取新的租约。

(2)自动方式：当租约到期时，由系统自动向 DHCP 服务器请求续租，不需要用户干预。

地址更新租约的过程如下。

①在 IP 地址使用时间到达租期的一半时，就向 DHCP 服务器发送一个新的 DHCP 请求，请求续租该 IP 地址。

②如果续租成功，DHCP 客户机将开始一个新的租约周期。如果续租失败，DHCP 客户机仍然可继续使用原来的 IP 地址，但时间到达租期的 75%时会再次发送续租请求，如果仍然失败，则客户机立即放弃正在使用的 IP 地址，以便重新获得一个新的 IP 地址。

为了确保在租约过期后，客户机从网络上断开仍然能维持客户租约，一般会在服务器数据库中保留大约 1 天的时间。如果用户想中途终止租约，也可以强制删除租约，删除租约与客户机租约过期的效果相同。在下次客户机启动时，都必须进入初始化状态并从 DHCP 服务器获得新的 TCP/IP 配置信息。

9.2 DHCP 服务器的基本配置

9.2.1 架设 DHCP 服务器的需求和环境

DHCP 服务是 Windows Server 2012 系统集成的网络服务，需要管理员手动安装，并且可以在安装过程中配置作用域、授权等。由于作用域包含客户机提供的 IP 地址段，因此事先应规划好 IP 地址类型与 IP 地址段。

1. 架设需求

架设 DHCP 服务器应满足下列要求。

①使用提供 DHCP 服务的 Windows Server 2012 标准版、企业版等服务器端操作系统。

②DHCP 服务器的 IP 地址、子网掩码等 TCP/IP 参数必须手工指定，否则将不能为 DHCP 客户机分配 IP 地址。

③DHCP 服务器必须拥有一组有效的 IP 地址，以便自动分配给 DHCP 客户机。

2. 架设环境

安装 DHCP 服务器并创建作用域，具体如下。

①DHCP 服务器：计算机名为 DHCP-Server，IP 地址为 192.168.1.1，采用 Windows Server 2012 操作系统。

②DHCP 客户机：计算机名为 DHCP-Client，IP 地址为 192.168.1.2，采用 Windows XP 操作系统。

9.2.2 安装 DHCP 服务器角色

1. 安装 DHCP 服务器

可以通过【服务器管理器】中的【添加角色】向导安装 DHCP 服务，具体操作过程如下。

(1)选择【开始】→【管理工具】→【服务器管理器】命令，打开【服务器管理器】窗口，如图 9-2 所示，单击【添加角色和功能】→【下一步】按钮。在选择安装类型中选择【基于角色或基于功能的安装】，单击【下一步】按钮。

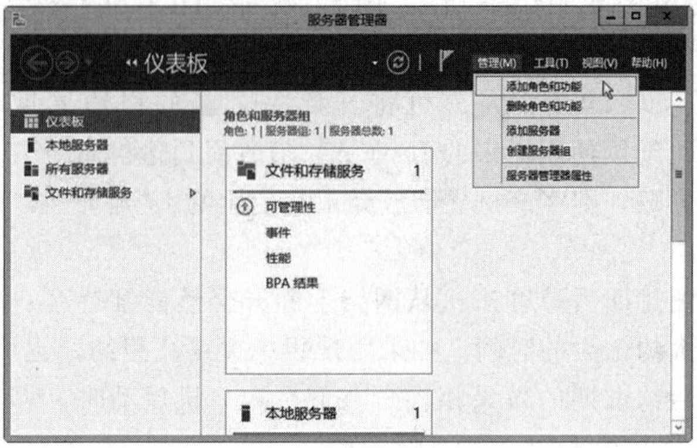

图 9-2　添加角色和功能

(2)在图 9-3 所示的【添加角色和功能向导】窗口中勾选【DHCP 服务器】复选框，然后单击【下一步】按钮。

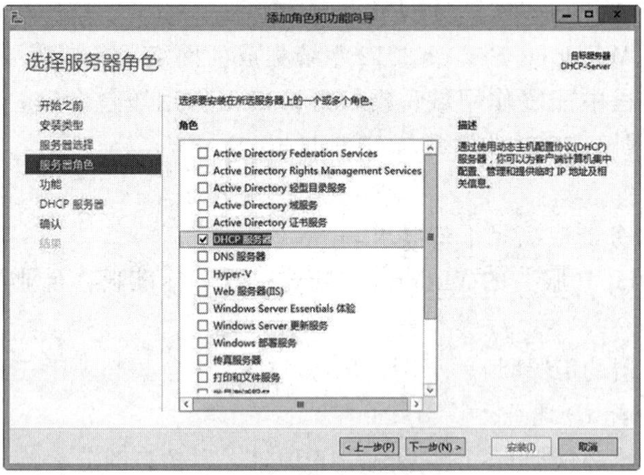

图 9-3　选择服务器角色

(3)在图 9-4 所示的界面中对 DHCP 服务器进行了简要介绍，单击【下一步】按钮。

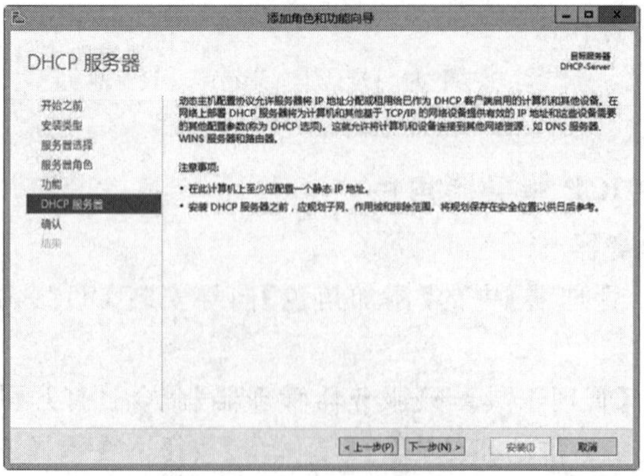

图 9-4　DHCP 服务器简介

(4)在如图 9-5 所示的对话框中显示了 DHCP 服务器的相关配置信息，单击【安装】按钮，开始安装。如图 9-6 所示，当 DHCP 服务器安装完成，单击【关闭】按钮结束安装向导。

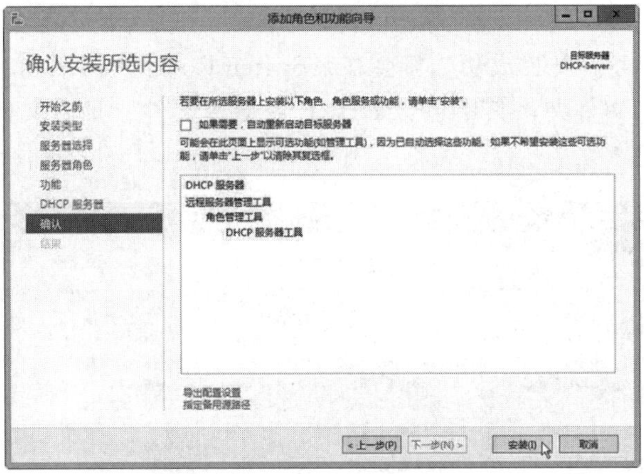

图 9-5　DHCP 服务器安装信息

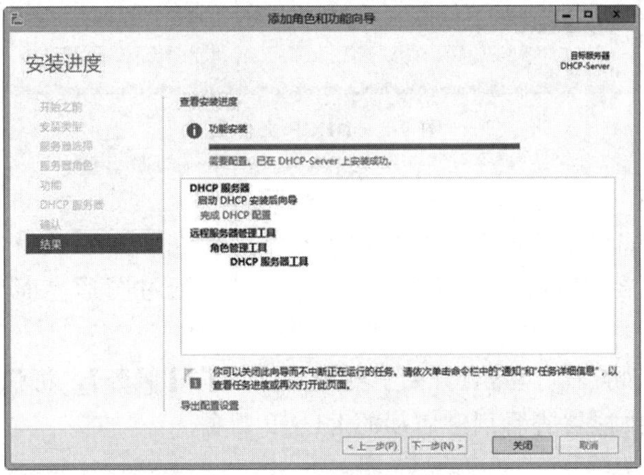

图 9-6　DHCP 服务器安装完毕

(5)安装完成 DHCP 后的【服务器管理器】界面如图 9-7 所示。

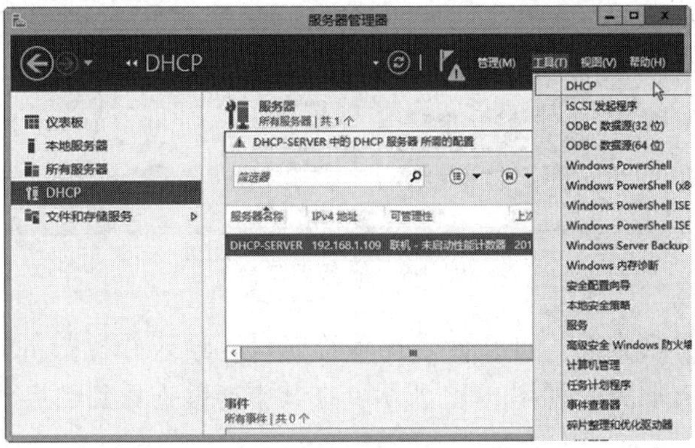

图 9-7　【服务器管理器】界面

2. 验证安装

DHCP 服务安装成功之后，可以通过查看 DHCP 相关文件和 DHCP 服务两种方式来验证 DHCP 是否安装成功。

(1)查看文件

如果 DHCP 服务器安装成功，将会在%SystemRoot%\System32 文件夹中自动创建一个名为 dhcp 的文件夹，其中包含 DHCP 数据库文件、日志文件等 DHCP 相关文件，如图 9-8 所示。

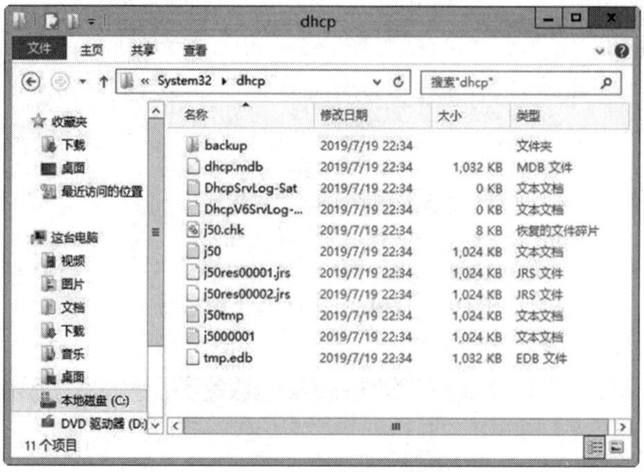

图 9-8　DHCP 文件夹

(2)查看服务

DHCP 服务器如果安装成功，会自动启动，因此在服务列表中将能查看到已经启动的 DHCP 服务。在 Windows Server 2012 中，可以通过图形界面和命令行界面两种方式查看已启动的 DHCP 服务。

①通过图形界面查看。单击【开始】→【管理工具】→【服务】，将弹出如图 9-9 所示的【服务】窗口，在其中能够查看到已启动的 DHCP 服务。

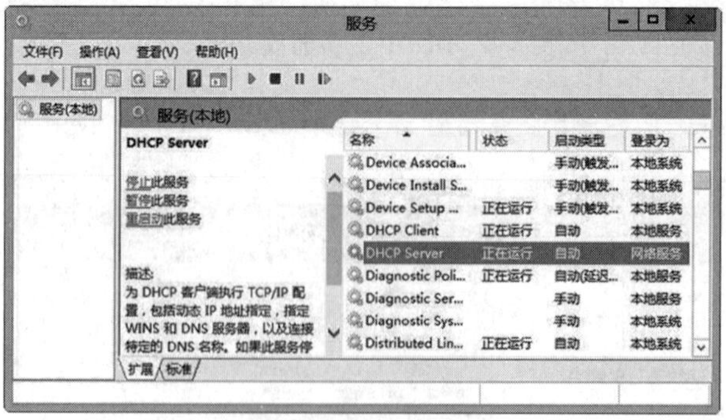

图 9-9　服务控制台

②通过命令行界面查看。打开命令提示符窗口，输入并执行 net start 命令，将列出当前已启动的所有服务，如图 9-10 所示，在其中能够查看到已启动的 DHCP 服务。

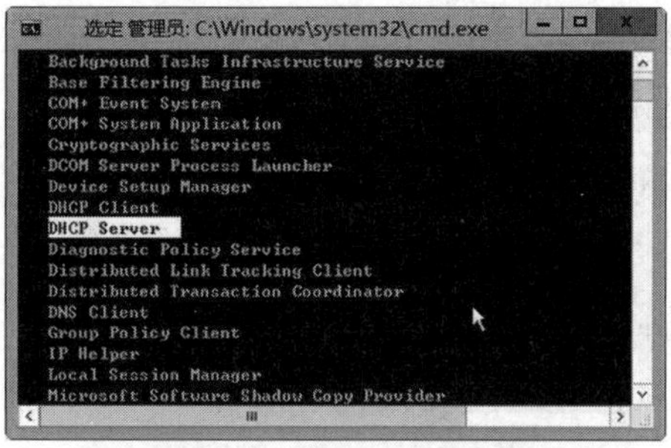

图 9-10　命令提示符窗口

9.2.3　DHCP 服务的停止和启动

1. 使用服务器管理器实现

在安装 DHCP 服务之后，可以在如图 9-7 所示的【服务器管理器】窗口中单击右侧的【转到 DHCP 服务器】链接，可以打开如图 9-11 所示的 DHCP 服务器的属性管理界面，在其中可以启动与停止 DHCP 服务器，查看事件以及相关的资源和支持。

图 9-11　DHCP 服务器属性管理

2. 使用 DHCP 管理器实现

单击【开始】→【管理工具】→【DHCP】，弹出【DHCP】窗口，右键单击窗口中的计算机名称节点，在弹出的快捷菜单中选择【所有任务】中的相应功能项即可启动、停止和重新启动 DHCP 服务器，如图 9-12 所示。

9.2.4　DHCP 作用域

作用域中配置了向客户机提供的 IP 地址及相关配置参数。当网络中的客户机向 DHCP 服务器请求 IP 地址时，DHCP 服务器需要从事先定义好作用域的地址池中选择一个尚未租出的 IP 地址分配给客户机。如果网络中有多个网段，需要分别提供不同的

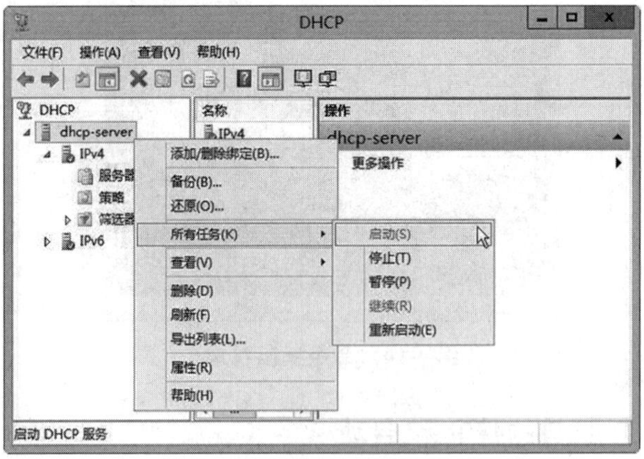

图 9-12 【DHCP】窗口

IP 地址，这就需要创建多个作用域。

(1)在图 9-12 所示的【DHCP】窗口中，展开服务器名，选择【IPv4】，右键单击并选择快捷菜单中的【新建作用域】选项，启动【新建作用域向导】。

(2)单击【下一步】按钮，弹出【作用域名称】窗口，必须提供一个用于识别的作用域名称，还可以提供一个描述(可选)。在【名称】文本框中输入新作用域的名称“myNetwork”，以便与其他作用域区分，如图 9-13 所示。

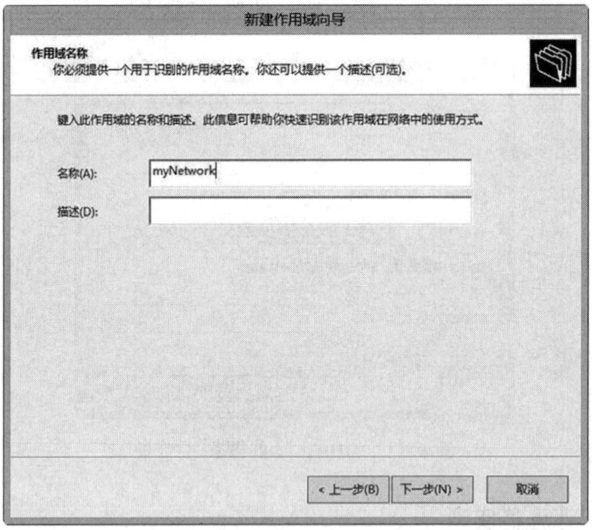

图 9-13 【作用域名称】窗口

(3)在如图 9-14 所示的对话框中，在【起始地址】和【结束地址】文本框中输入欲设置的 IP 地址范围。

(4)在如图 9-15 所示的对话框中，添加排除的 IP 地址范围。排除范围是指在作用域中，排除的 IP 地址的范围或序列，即不分配的 IP 地址。设置不分配的 IP 地址，在【起始地址】和【结束地址】文本框中输入欲排除的 IP 地址或 IP 地址段，单击【添加】按钮，添加到【排除的地址范围】列表框。

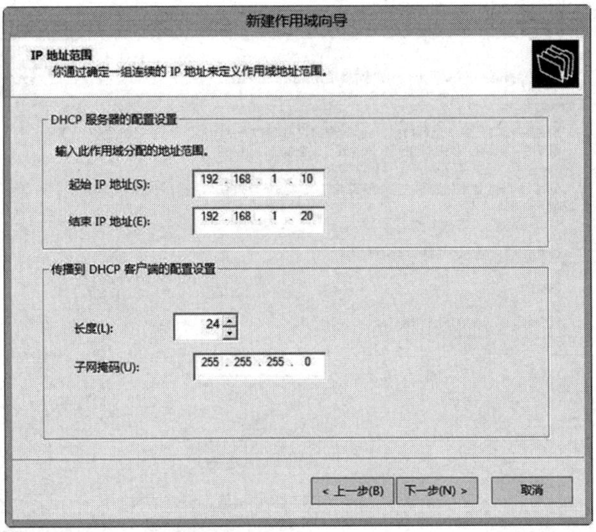

图 9-14　设置 IP 地址范围

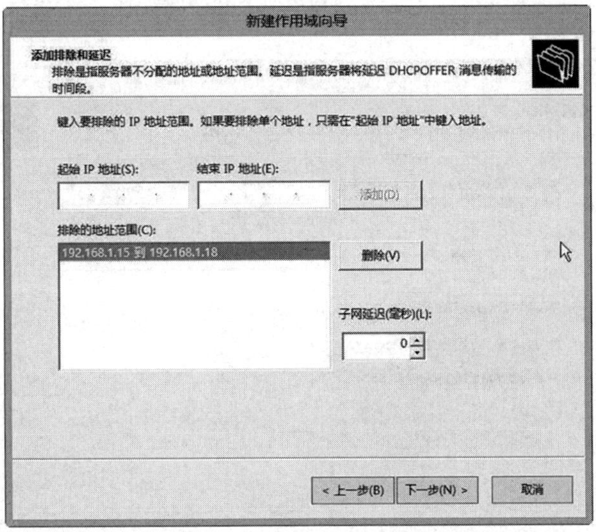

图 9-15　添加排除地址的范围

(5)在如图 9-16 所示的【租用期限】对话框中，设置客户从此作用域租用 IP 地址的时间。默认租用时间为 8 天。

(6)在如图 9-17 所示的【配置 DHCP 选项】对话框中，提示是否配置 DHCP 选项，选择【是，我想现在配置这些选项】将配置此作用域的 DHCP 选项；选择【否，我想以后配置这些选项】单选按钮，可以以后再配置 DHCP 选项。单击【下一步】按钮，完成新建作用域。

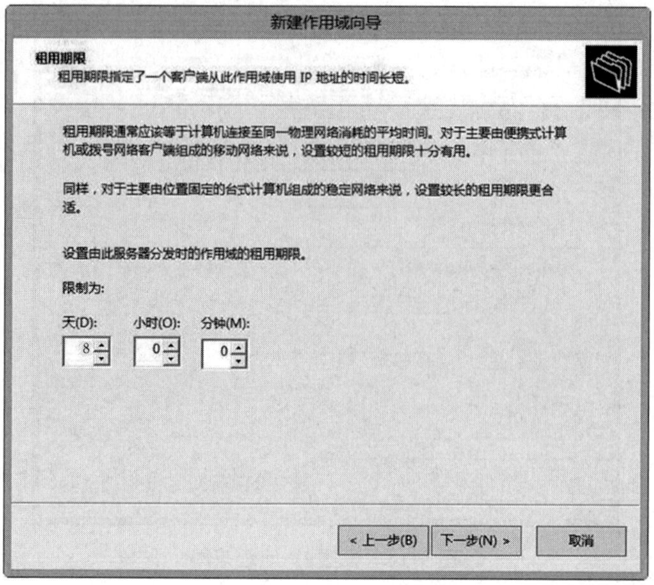

图 9-16 【租用期限】对话框

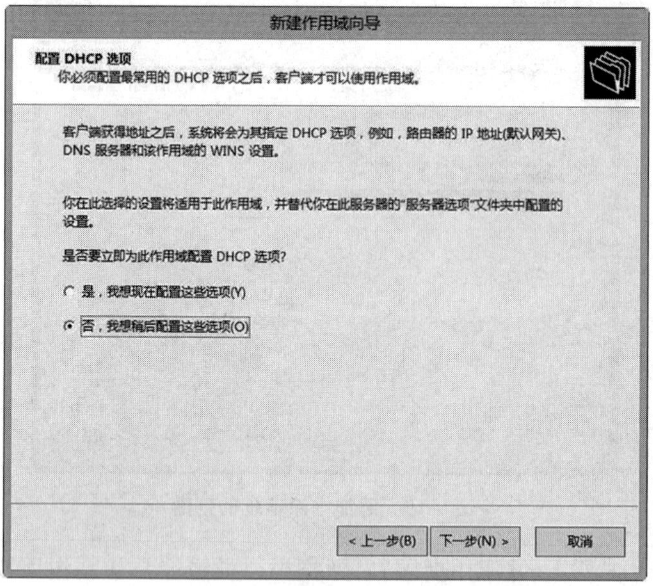

图 9-17 配置 DHCP 选项

9.2.5 激活 DHCP 作用域

在图 9-18 所示的【DHCP】窗口中右键单击要激活的作用域，在弹出的快捷菜单中选择【激活】命令，即可激活作用域。

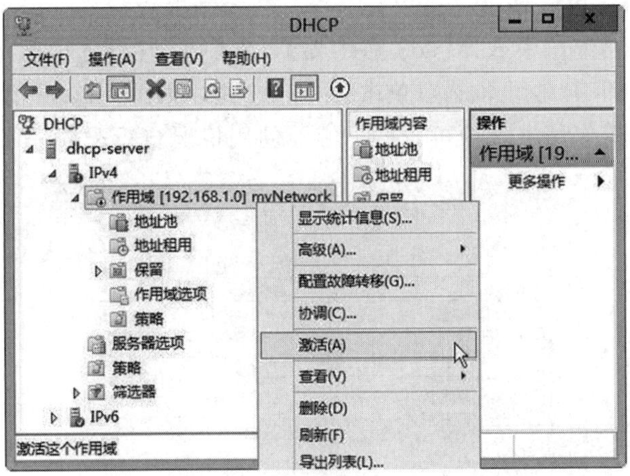

图 9-18 激活 DHCP 作用域

9.2.6 DHCP 作用域选项

DHCP 服务器除了可以为 DHCP 客户机自动分配 IP 地址和子网掩码两项必需的 TCP/IP 参数外，还可以分配很多可选的参数信息，这些信息称为 DHCP 选项。Windows Server 2012 的 DHCP 服务对这些 DHCP 选项都做了预定义，可以根据需要配置和使用。由于目前大多数 DHCP 客户机均不支持全部的 DHCP 选项，因此在实际应用中，通常只需对一些常用的 DHCP 选项进行配置，选项说明如表 9-1 所示。

表 9-1 常用的 DHCP 选项

选项代码	选项名称	说明
003	路由器	DHCP 客户机的 IP 子网的默认网关 IP 地址
006	DNS 服务器	DHCP 客户机解析 FQDN 时需要使用的首选和备用 DNS 服务器的 IP 地址
015	DNS 域名	指定 DHCP 客户机在解析只包含主机但不包含域名的不完整 FQDN 时使用的默认域名

在 Windows Server 2012 的服务器中，可以根据不同的应用范围配置不同级别的 DHCP 选项，按应用范围由大到小可分为四个级别：服务器选项级、作用域选项级、保留选项级和类别选项级。作用域选项是指 DHCP 服务器能够向 DHCP 客户机提供租约的同时，还可以向客户机提供一些可选项作为额外配置参数，例如默认网关的 IP 地址、DNS 服务器的 IP 地址和 WINS 服务器 IP 地址等。作用域选项的应用范围是从当前 DHCP 服务器的特定作用域获得 IP 地址租约的所有 DHCP 客户机。

1. 配置 DNS 作用域选项

在图 9-18 所示的【DHCP】窗口左侧窗格中【作用域[192.168.1.0]】下面，右键单击【作用域选项】，并在弹出快捷菜单中选择【配置选项】命令，弹出【作用域选项】窗口，然后选择【006DNS 服务器】，在【数据项】选项区域的【IP 地址】文本框中输入 DNS 服务器 IP 地址，然后单击【添加】按钮，如图 9-19 所示。

2. 配置路由器作用域选项

在【作用域选项】窗口中选择【003 路由器】，在【数据项】选项区域的【IP 地址】文本框中输入默认网关的 IP 地址，然后单击【添加】按钮，如图 9-20 所示。

另外，还有其他作用域选项可以根据实际使用情况自行配置。

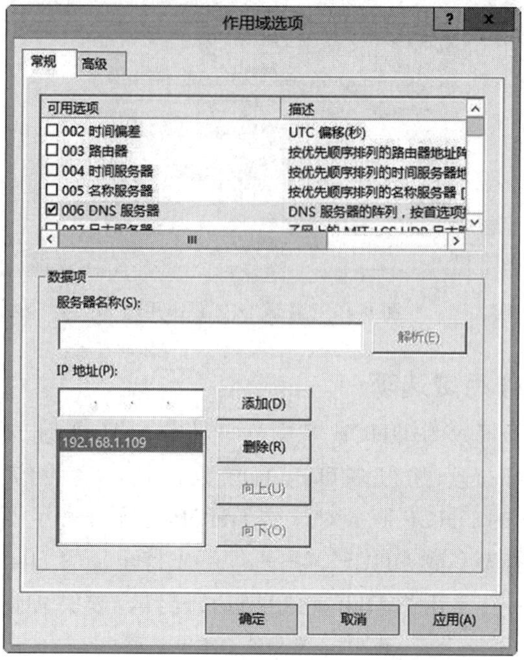

图 9-19 作用域选项 DNS 的设置

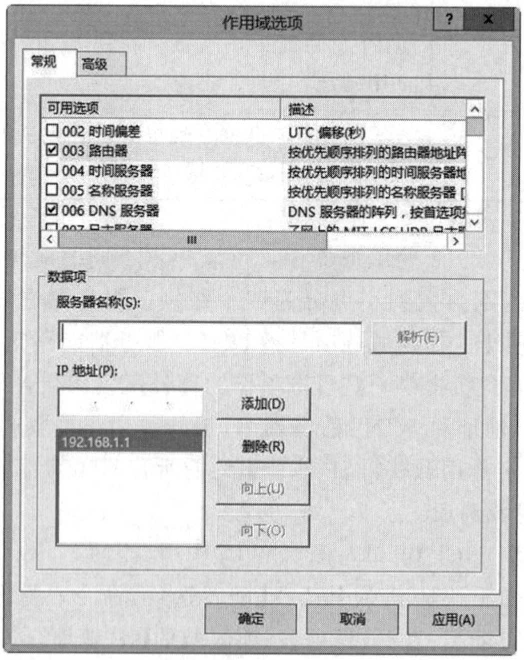

图 9-20 作用域选项路由器的设置

9.3 DHCP 客户机的配置与测试

9.3.1 客户机设置

DHCP 客户机的操作系统有很多种类，如 Windows 系统、Linux 系统等，这里重点演示 Windows 系统客户机的设置。因为客户机通过广播寻找 DHCP 服务器，所以无须为客户机指定 DHCP 服务器的地址，只需将客户机设置为自动获得 IP 地址即可，具体的操作过程如下。

(1)在客户机上依次打开【控制面板】→【所有控制面板项】→【网络和共享中心】→【更改适配器设置】，右键单击需要自动获取 IP 地址的网卡，在弹出的快捷菜单中选择【属性】选项，如图 9-21 所示。

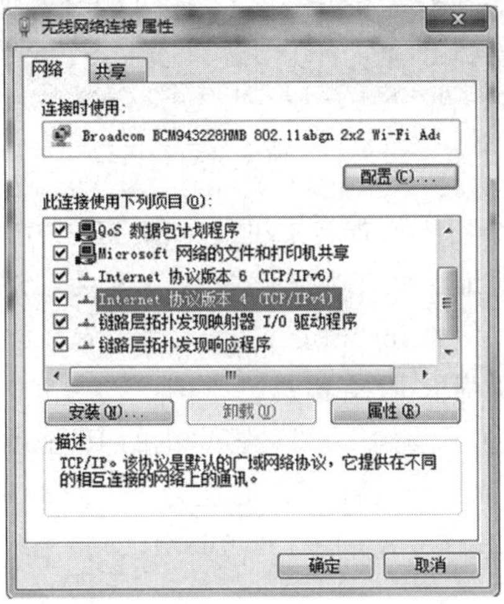

图 9-21 【无线网络连接属性】对话框

(2)选择【Internet 协议版本 4(TCP/Ipv4)】，单击【属性】按钮，弹出如图 9-22 所示窗口，依次选中【自动获得 IP 地址】和【自动获得 DNS 服务器地址】单选按钮，然后单击【确定】按钮，即完成了客户机的设置工作。

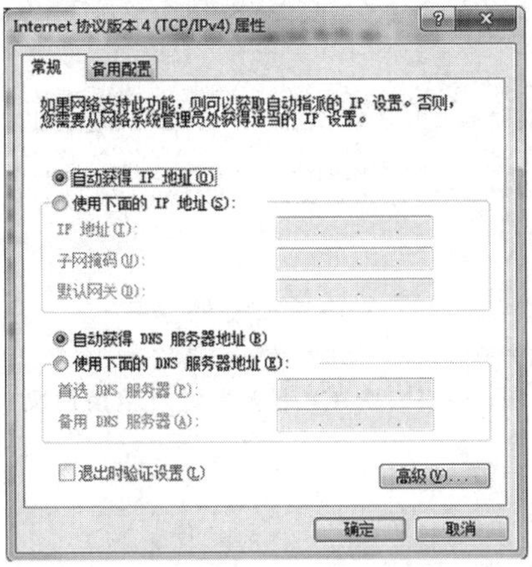

图 9-22 TCP/IP 属性的设置

9.3.2 客户机测试与 DHCP 服务器的验证

1. DHCP 客户机中检测

单击【开始】菜单中的【运行】命令，打开【运行】对话框。在【打开】文本框中输入【cmd】，然后单击【确定】按钮。启动命令提示符窗口，然后输入“ipconfig/all”，按 Enter 键即出现如图 9-23 所示的查询结果。

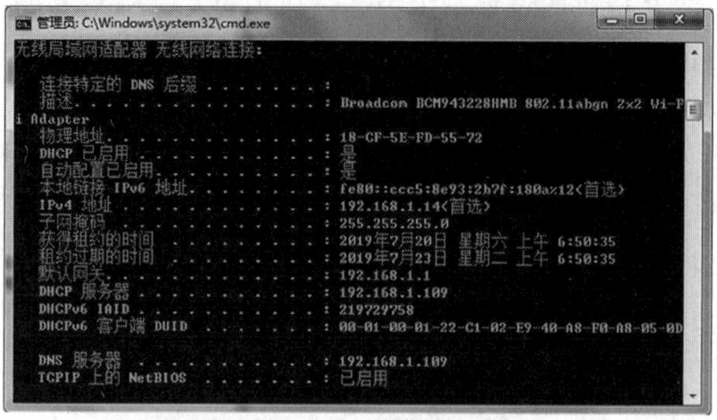

图 9-23　命令提示符窗口

注意：ipconfig/all 命令用于检查客户机的全部 TCP/IP 相关配置信息，如主机名、网卡的型号、网卡的物理地址、DNS 服务器、默认网关、是否启用 DHCP 功能等。如果修改了作用域的选项可以使用 ipconfig/release 命令先释放掉原来的 IP 等参数，再使用 ipconfig/renew 命令重新获取 IP 等信息。

通过图 9-23 显示的信息了解到 DHCP 客户机的 IP 地址为 192.168.1.14，子网掩码为 255.255.255.0，DHCP 服务器的 IP 地址为 192.168.1.109，符合 DHCP 服务器预先设置的 IP 地址池：192.168.1.10～192.168.1.20。

2. DHCP 服务器中验证

在【DHCP】窗口右侧窗格依次展开【作用域[192.168.1.0]】，单击其下的【地址租约】选项，可以查看客户机 IP 地址的租约情况，如图 9-24 所示，服务器为客户机成功分配了 IP 地址，在【地址租约】列表栏下，就会显示客户机的 IP 地址、客户机名和租约截止日期。

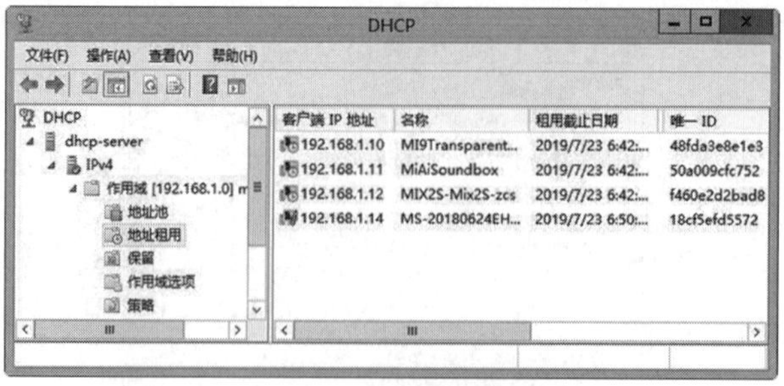

图 9-24　DHCP 服务器地址租用情况

9.4 DHCP 保留和类别选项

9.4.1 配置 DHCP 保留

在网络中，有时需要为某些特定的计算机提供固定的 IP 地址，该 IP 地址将不再分配给其他客户机。该分配方法可以利用 DHCP 服务器的【保留】功能来实现，将特定的 IP 地址与客户机的 MAC 地址进行绑定，使得只有使用该 MAC 地址的客户机向 DHCP 服务器请求时，才能获得该 IP 地址，并且总是获得同一个 IP 地址。

(1)在【DHCP】窗口中，展开要添加保留 IP 地址的作用域，选择【保留】选项，用来添加保留地址，如图 9-25 所示。

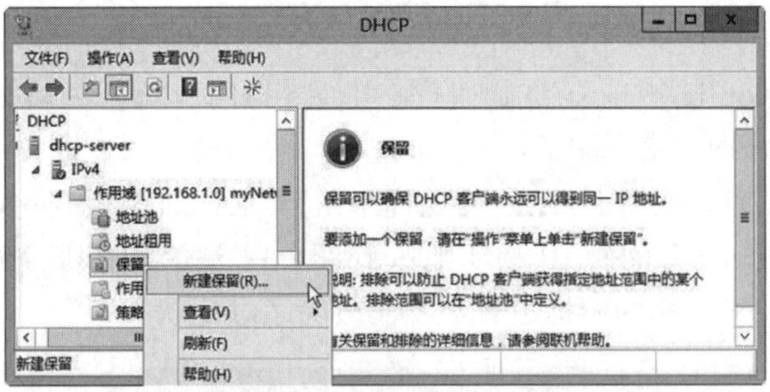

图 9-25 DHCP 新建保留

(2)右键单击【保留】并选择快捷菜单中的【新建保留】选项，打开如图 9-26 所示的【新建保留】对话框，需要设置以下几项内容。

①保留名称：输入保留名称，仅用于与其他保留项相区分。

②IP 地址：输入欲为客户机保留的 IP 地址。

③MAC 地址：输入欲保留的 DHCP 客户机网卡的 MAC 地址。

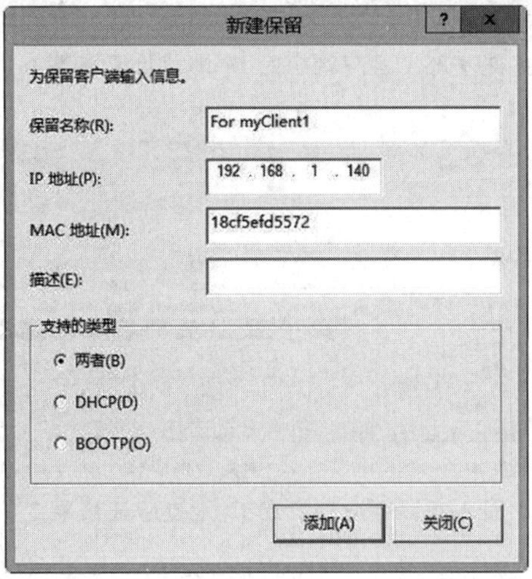

图 9-26 填写客户机 MAC 地址

(3)单击【添加】按钮，保留地址添加成功。执行上述同样的步骤可以继续为其他客户机添加保留地址。

(4)保留地址添加成功后的界面如图 9-27 所示。

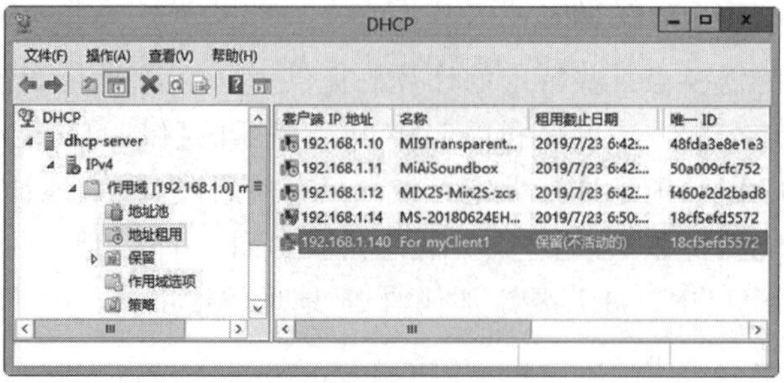

图 9-27　保留地址设置结果

客户机使用 ipconfig/release 或通过【禁用/启用】网卡重新更新地址租约后，其 IP 地址发生变化，如图 9-28 所示，IP 地址从 192.168.1.14 改变为服务器绑定的 192.168.1.140。此时，DHCP 服务器【地址租用】界面同时发生变化，通过比较图 9-27 和图 9-29 可以看出，已分配的 IP 地址 192.168.1.14 被 DHCP 服务器收回，物理地址为“18cf5efd5572”的客户机的图标由普通签约改为了绑定状态。

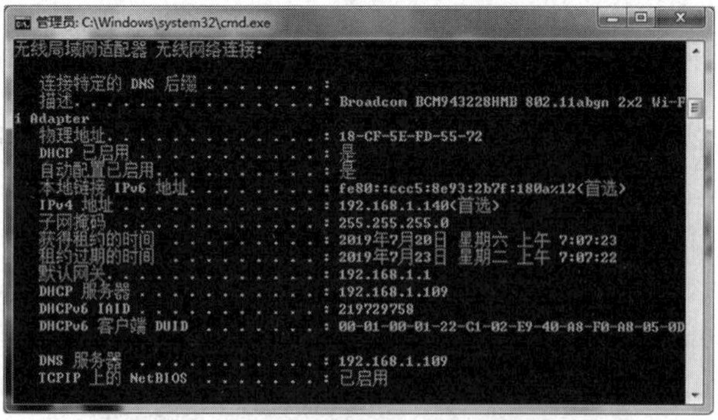

图 9-28　客户端绑定 IP 地址验证结果 1

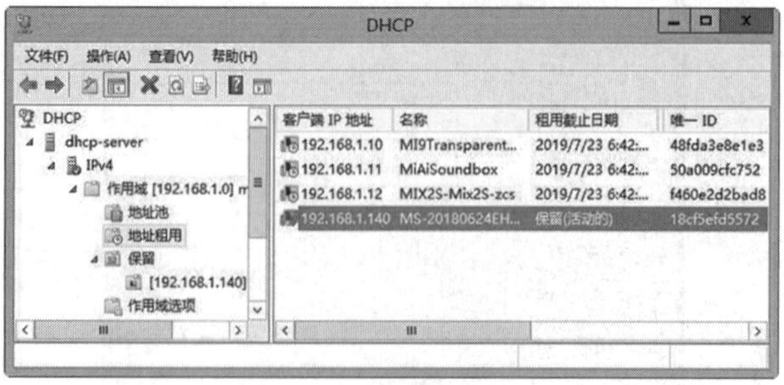

图 9-29　客户端绑定 IP 地址验证结果 2

9.4.2　DHCP 类别选项

类别选项的应用范围是被标识为指定类别成员身份的 DHCP 客户机。只有被标识为指定类别成员身份的DHCP客户机才能够获得为该类别指定的类别选项。例如，如果在某个作用域级别上配置类别选项，则在从该作用域获得地址租约的DHCP客户机中，只有那些被标识为类别成员身份的DHCP客户机才会应用类别选项，而对于其他未标识为类别成员身份的DHCP客户机，仍将应用作用域选项，而不会应用类别选项。

使用类别选项，首先要创建类别并将DHCP客户机标识为指定类别的成员。在Windows Server 2012中，有两种类型的类别用于组织DHCP客户机，它们分别为用户类别和供应商类别。

(1)用户类别。用户类别通过类别标识符将DHCP客户机标识为类别成员。在使用用户类别时，首先必须在DHCP服务器上创建用户类别并指定类别标识符，然后再通过类别标识符将DHCP客户机指定为类别成员。类别配置完成后，即可根据需要针对这一类别配置类别选项。在DHCP服务器上每个DHCP客户机只能标识为一个用户类别的成员。

用户类别在DHCP客户机需要使用具有特殊需求的单独DHCP选项时非常有用。例如，可以通过用户类别选项为频繁移动或经常用于远程访问的便携计算机提供较短的租约时间，而不是正常的作用域的租约时间。

(2)供应商类别。供应商类别可以使DHCP客户机在申请IP地址租约时有选择地向DHCP服务器标识自己。为了在供应商类别中标识自己的成员身份，DHCP客户机在向服务器申请或选择租约时间时会在“供应商类别标识符”字段中提供一个值。供应商类别标识符信息是由DHCP服务器解释的一段字符串数据。供应商可以选择定义自己特定的供应商类别标识符，用来传达供应商特定的信息或处理其DHCP客户机的特殊需求。基于Windows Server 2012的DHCP服务器仅预定义了微软供应商类别，对应其他供应商类别，必须在DHCP服务器上手动添加并配置供应商类别标识符，并且该标识符必须与DHCP客户机实际使用的供应商类别标识符相同。

9.5 DHCP数据库的管理

9.5.1 DHCP数据库的维护

1. DHCP数据库的备份

在安装DHCP服务时会在%SystemRoot%\System32\DHCP目录下自动创建DHCP服务器的数据库文件。如图9-30所示，其中的dhcp.mdb是其存储数据的文件，而其他的文件则是辅助性的文件，注意，不要随意删除这些文件。

DHCP服务器数据库是一个动态数据库，在向客户端提供租约或客户端释放租约时它会自动更新。从图9-30中还可以发现一个文件夹backup，该文件夹中保存着DHCP数据库及注册表中相关参数，可供修复时使用，DHCP服务默认会每隔60分钟自动将DHCP数据库文件备份到此处。如果要想修改这个时间间隔，可以通过修改Backup Interval注册表参数实现，它位于注册表项HKEY_LOCAL_MACHINE\SYSTEM\CurrentControlSet\Services\DHCPserver\Parameters中。

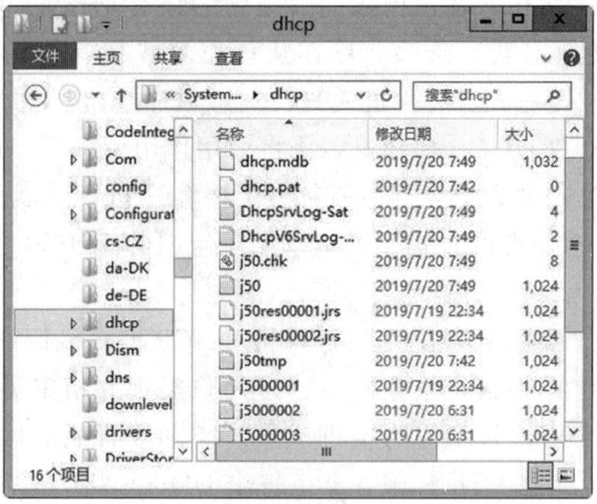

图 9-30　DHCP 服务器的数据库文件

2. DHCP 数据库的还原

DHCP 服务在启动时，会自动检查 DHCP 数据库是否损坏，并自动恢复故障，还原损坏的数据库。也可以利用手动的方式来还原 DHCP 数据库，其方法是将注册表 HKEY_LOCAL_MACHINE\SYSTEM\CurrentControlSet\Services\DHCPserver\Parameters 下参数 RestoreFlag 设为 1，然后重新启动 DHCP 服务器即可。此外，也可以通过先停止 DHCP 服务，再将 backup 文件夹中备份的数据复制到 DHCP 文件夹的方式对 DHCP 服务器进行还原。

3. IP 作用域的协调

如果发现 DHCP 数据库中的设置与注册表中的相应设置不一致时(如 DHCP 客户端所租用的 IP 数据不正确或丢失时)，我们可用协调的功能让二者数据一致。因为在注册表数据库内也存储着一份在 IP 作用域内租用数据的备份，协调时，利用存储在注册表数据库内的数据来恢复 DHCP 服务器数据库内的数据。其方法是鼠标右键单击相应的作用域选择“协调”菜单。为确保数据库的正确性，定期执行协调操作是良好的习惯。

4. DHCP 数据库的迁移

将旧的 DHCP 服务器内的数据迁移到新的 DHCP 服务器内，并改由新的 DHCP 服务器提供服务，具体步骤如下。

(1)首先停止 DHCP 服务器，在命令行方式下运行 net stop dhcpserver 命令将 DHCP 服务器停止。然后将%SystemRoot%\System32\DHCP 下整个文件夹复制到新的 DHCP 服务器内任何一个临时的文件夹中。

(2)运行 Regedt32.exe，选择注册表选项 HKEY_LOCAL_MACHINE\SYSTEM\CurrentControlSet\Services\DHCPserver，选择【注册表】→【保存项】，将所有设置值保存到文件中。最后删除旧 DHCP 服务器内的数据库文件夹，删除 DHCP 服务。

(3)安装新的 DHCP 服务器，停止 DHCP 服务器，方法如上。将存储在临时文件内的所有数据(由旧的 DHCP 服务器复制来的数据)整个复制到%SystemRoot%\system32\dhcp 文件夹中。

(4)运行 Regedt32. exe，选择注册表选项 HKEY_LOCAL_MACHINE\SYSTEM\CurrentControlSet\Services\DHCPserver，选择【注册表】→【还原】，将步骤(3)中保存的旧 DHCP 服务器的设置还原到新的 DHCP 服务器。重启 DHCP 服务器，协调所有作用域即可。

9.5.2 管理 DHCP 服务器的日志文件

1. 日志文件的管理

DHCP Server 服务在“%SystemRoot%\System32\DHCP”文件夹下存放了一个审核日志，该审核文件名称是基于一周的当前天数来命名的，它是通过检查服务器上的当前日期和时间确定的。例如，当 DHCP 服务器启动时，如果当前日期是 2019 年 7 月 20 日，星期六(Saturday)，那么 IPv4 审核日志文件就会命名为 DHCPSrvLog-Sat，而 IPv6 审核日志文件会命名为 DHCPv6SrvLog-Sat。

DHCP 服务器从午夜开始记录一个新的日志文件，并覆盖上一周的日志文件(注意：因为上一周的文件会被自动覆盖，所以审核日志的存储要求很低)。在默认情况下，如果磁盘空间少于 20 MB，或当前日志文件超过分配的最大空间(或超过当前存储在服务器上的所有审核日志总量的 1/7)，那么 DHCP Server 服务会停止审核记录。在默认情况下，每个日志文件最多可达 10 MB。可以把需要的大小乘 7(每周)并把该值存放在“HKEY_LOCAL_MACHINE\System\CurrentControlSet\Services\DHCPServer\Parameters\DhcpLogFilesMaxSize”注册表值中来修改最大值。如图 9-29 和图 9-30 所示，管理者可以根据需要，将注册表中 DhcpLogFilesMaxSize 的数值由默认的 7 MB 改为 30 MB。

图 9-31 在注册表中查找 DHCP 日志文件

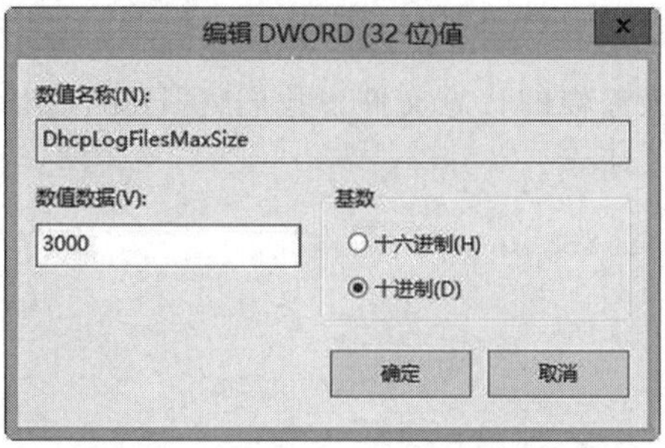

图 9-32 修改 DHCP 日志文件大小

2. 日志文件的访问

表 9-2 列出了日志文件各种事件 ID 的具体含义。

表 9-2　日志文件 ID 含义表

ID	描述
1	已停止日志
2	由于磁盘空间不足，日志被暂停
10	已将一个新的 IP 地址租赁给一个客户端
11	一个客户端已续订了一个租赁
12	一个客户端已释放了一个租赁
13	一个 IP 地址已在网络上被占用
14	不能满足一个租赁请求，因为作用域的地址池已用尽
15	一个租赁已被拒绝
16	一个租赁已被删除
17	一个租赁已到期，并且已到期租赁的 DNS 记录未被删除
18	一个租赁已到期，并且 DNS 记录已被删除
20	已将一个 BOOTP 地址租赁给一个客户端
21	已将一个动态 BOOTP 地址租赁给一个客户端
22	无法满足一个 BOOTP 请求，因为作用域的 BOOTP 地址池已用尽
23	删除了一个 BOOTP IP 地址，因为检查到它不在使用中
24	IP 地址清理操作已开始
25	IP 地址清理统计
30	命名 DNS 服务器的 DNS 更新请求
31	DNS 更新失败
32	DNS 更新成功
33	由于 NAP 策略而丢弃数据包
34	DNS 更新请求失败，因为超出了 DNs 更新请求队列限制
35	DNS 更新请求失败
36	数据包被丢弃，因为服务器具有故障转移备用角色或客户端 ID 的哈希值不匹配
50＋	超过 50 以上的代码用于 Rogue 服务器检测信息

为便于观察 DHCP 服务器的日志文件，我们将“DHCPSrvLog-Sat. log”主要内容进行了提取，具体如图 9-33 所示。

	A	B	C	D	E	F	H	O
1	0	07/19/19	22:34:29	已启动				
2	55	07/19/19	22:34:29	已授权(服务)				
3	24	07/20/19	6:31:11	开始数据库清理				
4	25	07/20/19	6:31:11	0 个租约过期，0 个租约被删除				
5	25	07/20/19	6:31:11	0 个租约过期，0 个租约被删除				
6	10	07/20/19	6:42:35	分配	192.168.1.10	MI9TransparentEditio		android-dhcp-9
7	10	07/20/19	6:42:35	分配	192.168.1.11	MiAiSoundbox		udhcp 1.27.2
8	10	07/20/19	6:42:36	分配	192.168.1.12	MIX2S-Mix2S-zcs		android-dhcp-9
9	30	07/20/19	6:50:35	DNS 更新请求	192.168.1.14	MS-20180624EHTK		
10	10	07/20/19	6:50:35	分配	192.168.1.14	MS-20180624EHTK		MSFT 5.0
11	31	07/20/19	6:50:35	DNS 更新失败	192.168.1.14	MS-20180624EHTK		
12	30	07/20/19	7:04:26	DNS 更新请求	192.168.1.14	MS-20180624EHTK	DHCP-SERVER\Administrator	
13	31	07/20/19	7:04:26	DNS 更新失败	192.168.1.14	MS-20180624EHTK		
14	15	07/20/19	7:07:22	NACK	192.168.1.14			
15	30	07/20/19	7:07:22	DNS 更新请求	192.168.1.140	MS-20180624EHTK		
16	11	07/20/19	7:07:22	更新	192.168.1.140	MS-20180624EHTK		MSFT 5.0
17	31	07/20/19	7:07:22	DNS 更新失败	192.168.1.140	MS-20180624EHTK		
18	24	07/20/19	7:31:12	开始数据库清理				
19	30	07/20/19	7:31:12	DNS 更新请求	192.168.1.14	MS-20180624EHTK		
20	25	07/20/19	7:31:12	0 个租约过期，0 个租约被删除				
21	25	07/20/19	7:31:12	0 个租约过期，0 个租约被删除				
22	31	07/20/19	7:31:12	DNS 更新失败	192.168.1.14	MS-20180624EHTK		
23	16	07/20/19	7:44:11	已删除	192.168.1.10		DHCP-SERVER\Administrator	
24	16	07/20/19	7:44:11	已删除	192.168.1.11		DHCP-SERVER\Administrator	
25	16	07/20/19	7:44:11	已删除	192.168.1.12		DHCP-SERVER\Administrator	
26	16	07/20/19	7:44:11	已删除	192.168.1.140		DHCP-SERVER\Administrator	
27	30	07/20/19	7:44:11	DNS 更新请求	192.168.1.140	MS-20180624EHTK	DHCP-SERVER\Administrator	
28	31	07/20/19	7:44:11	DNS 更新失败	192.168.1.140	MS-20180624EHTK		
29	10	07/20/19	7:48:53	分配	192.168.1.10	MI9TransparentEditio		android-dhcp-9
30	1	07/20/19	7:49:31	已停止				
31	0	07/20/19	10:48:37	已启动				
32	55	07/20/19	10:48:37	已授权(服务)				
33	1	07/20/19	10:52:12	已停止				

图 9-33　DHCP 日志文件的主要内容

9.6　结合企业网络环境架设 DHCP 服务器

某公司企业网中有一台安装了 Windows Server 2012 系统的计算机，指定计算机名为“GDSSPT-DHCP”，静态 IP 地址为 192.168.100.100，子网掩码为 255.255.255.0。公司内部有两个网段 192.168.100.0/24 和 192.168.200.0/24。要求如下。

(1)在 Windows Server 2012 服务器安装、配置及管理 DHCP 服务，给两个网段动态分配 IP 地址。

(2)自动分配 DNS 服务器地址为 202.97.224.68 和 202.97.224.69。

(3)网段 192.168.100.0/24 的默认网关为 192.168.1.1；网段 192.168.200.0/24 的默认网关为 192.168.2.1。

(4)内网放置了一台文件服务器，规划的 IP 地址为 192.168.100.120，该地址对应到该计算机的 MAC 地址。

第 10 章　网络地址转换

项目任务

某企业向 ISP 申请了若干个公网 IP，该企业希望所有计算机能够共享这些公网 IP 接入互联网，能将公司内网中个别服务(Web 服务、文件服务)发布到 Internet 上，允许员工和客户通过互联网访问。那么，假如你作为网络技术人员，该如何解决此问题呢?

项目目标

- 了解 NAT 的技术特点与 NAT 的工作流程。
- 掌握 NAT 服务器的安装方法。
- 熟悉常用的几种 NAT 服务的配置方法。

10.1　NAT 技术

NAT 就是在局域网中使用内部地址，当内部计算机要与外部网络进行通信时，就在网关处将内部地址替换成公用地址，从而在外部公网上正常使用。NAT 可以使多台计算机共享 Internet 连接，这一功能很好地解决了公用 IP 地址紧缺的问题。通过这种方法，可以只申请一个合法 IP 地址，就把整个局域网中的计算机接入 Internet 上。这时，NAT 屏蔽了内部网络，所有内部网络计算机对于公用网络来说是不可见的，而内部网计算机用户通常不会意识到 NAT 的存在。这里提到的内部地址，是指在局域网中分配给计算机的私有 IP 地址，这个地址只能在内部网络中使用，不能被路由。虽然内部地址可以随机挑选，但是通常使用的是下面的地址：10.0.0.0～10.255.255.255、172.16.0.0～172.31.255.255、192.168.0.0～192.168.255.255。NAT 将这些无法在互联网上使用的保留 IP 地址翻译成可以在互联网上使用的合法 IP 地址。而公用地址，是指合法的 IP 地址，它是由 NIC(网络信息中心)或者 ISP(网络服务提供商)分配的地址，对外代表一个或多个内部局部地址，是全球统一的可寻址的地址。

NAT 功能通常被集成到路由器、防火墙、ISDN 路由器或者单独的 NAT 设备中。例如 Cisco 路由器中已经加入了这一功能，网络管理员只需在路由器的 IOS 中设置 NAT 功能，就可以实现对内部网络的屏蔽。

10.1.1　NAT 技术的特点

NAT 与防火墙技术相结合，把局域网内部 IP 地址隐藏，使其不容易被公网访问到，使外界难以直接访问内部网络计算机；同时，它还帮助网络可以超越地址的限制，合理地安排网络中的公有 IP 地址和私有 IP 地址的使用。

NAT技术的主要作用是节约地址空间。在任何时刻，如果内部局域网中只有少数计算机需要访问Internet资源，那么就只有少数的内部IP地址需要被转化成外部公网IP地址，可以减少对合法IP地址的需求；同时，使用端口地址转换(NAPT)，还可以使多个局域网计算机共享一个公网IP地址，这样就能更有效地节约合法IP地址。

除了节约地址，NAT还能简化配置，增加网络规划的灵活性。使用NAT技术可以增加IP地址规划的灵活性，从而简化内部网络的设计。

NAT技术能帮助解决IP地址紧缺的问题，而且能使得内外网络隔离，提供一定的网络安全保障，特别适合以下4种环境。

(1)超过两台以上计算机需要连接到互联网，但局域网中只有一个ISP分配的IP地址。

(2)在一定程度上隐藏内部网络，保护内部局域网的安全。

(3)不增加过多的额外投资，只要具有普通台式机和两块网卡就可以实现NAT技术。

(4)较适应于中、小型企业局域网共享上网，机器总数量一般不超过150台。

10.1.2 NAT技术类型

NAT地址转换有静态NAT和动态NAT两种主要类型。而端口地址转换只是动态NAT转换中的一种特殊类型。

(1)静态NAT：一对一，将内部网络的私有IP地址转换为公有合法IP地址。IP地址的对应关系是一对一的，而且是不变的。

(2)动态NAT(地址复用)：指将内部私有IP转换为公网IP地址时，IP的对应关系是不确定的。也就是说，只要指定哪些内部地址可以进行NAT转换，以及哪些合法的IP地址可以作为外部地址，就可以进行动态转换了。也可以使用多个合法地址集。动态NAT分为源NAT(SNAT)和目的NAT(DNAT)。源NAT是私有网络到公共网络的转换(私有网络访问公共网络，目的IP没变，只转换了源IP)；目的NAT是指公共网络到私有网络的转换(公共网络访问私有网络，源地址没变，只转换了目的IP)，也叫端口映射。

(3)端口地址转换(端口复用)：改变外出数据包的源IP地址和源端口，并进行端口转换，即端口地址转换采用端口多路复用的方式。内部网络的所有主机均可共享一个合法外部IP地址实现互联网的访问，最大程度上节约IP地址资源。

10.1.3 NAT的工作过程

NAT的基本工作原理是：当私有网络主机和公共网络主机通信的IP包经过NAT网关时，将IP包中的源IP或目的IP在私有IP和NAT的公共IP之间进行转换。

1. 地址转换

如图10-1所示，NAT网关有两个网络端口，其中公共网络端口的IP地址是统一分配的公共IP，为202.20.65.5；私有网络端口的IP地址是保留地址，为192.168.1.1。私有网络中的主机192.168.1.2向公共网络中的主机202.20.65.4发送了1个IP包(Dst=202.20.65.4，Src=192.168.1.2)，IP包中Dst和Src分别是Destination和Source的英文缩写。

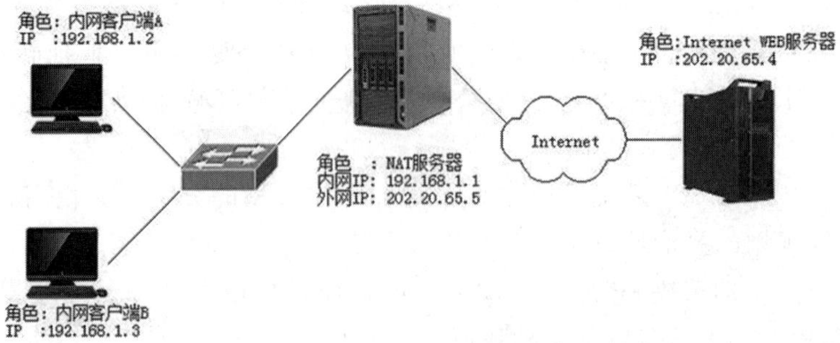

图 10-1　NAT 工作过程网络拓扑结构

当 IP 包经过 NAT 网关时，NAT 服务器会将 IP 包的源 IP 转换为 NAT 服务器的公共 IP 并转发到公共网络，此时 IP 包(Dst=202.20.65.4，Src=202.20.65.5)中已经不含任何私有网络 IP 的信息。由于 IP 包的源 IP 已经被转换成 NAT 服务器的公共 IP，Web 服务器发出的响应 IP 包(Dst=202.20.65.5，Src=202.20.65.4)将被发送到 NAT 服务器。这时，NAT 服务器会将 IP 包的目的 IP 转换成私有网络中主机的 IP，然后将 IP 包(Des=192.168.1.2，Src=202.20.65.4)转发到私有网络。对于通信双方而言，这种地址的转换过程是完全透明的，转换流程如图 10-2 所示。

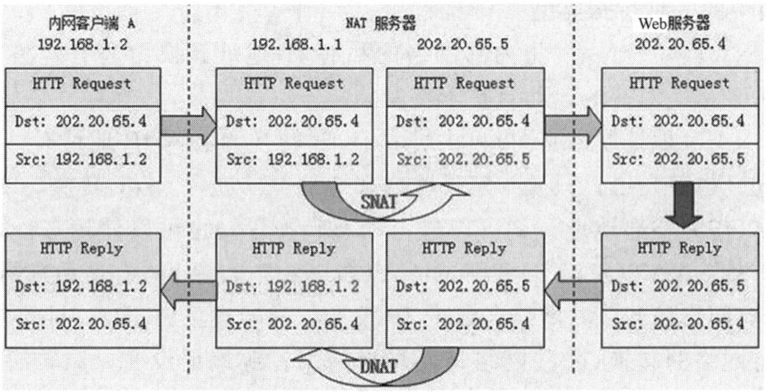

图 10-2　NAT 工作过程——地址转换

2. 连接跟踪

在上述过程中，NAT 服务器在收到响应包后，就需要判断将数据包转发给谁。此时如果子网内仅有少量客户机，可以用静态 NAT 手动指定。但如果内网有多台客户机，并且各自访问不同网站，这时候就需要连接跟踪(Connection Track)。如图 10-3 所示，在 NAT 服务器收到客户机发来的请求包后，做源地址转换，并且将该连接记录保存下来，当 NAT 服务器收到服务器发来的响应包后，查找 Track Table，确定转发目标，做目的地址转换，转发给客户机。

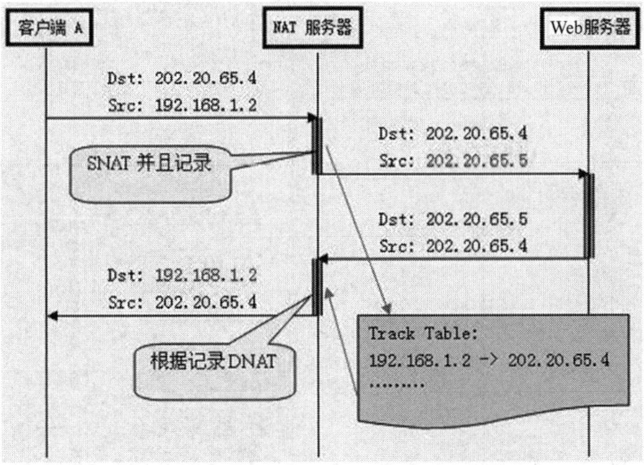

图 10-3　NAT 工作过程——连接跟踪

3. 端口转换

以上述客户机访问服务器为例，当仅有一台客户机访问服务器时，NAT 服务器只需更改数据包的源 IP 或目的 IP 即可正常通信。但是如果 Client A 和 Client B 同时访问 Web 服务器，那么当 NAT 服务器收到响应包的时候，就无法判断将数据包转发给哪台客户机，如图 10-4 所示。

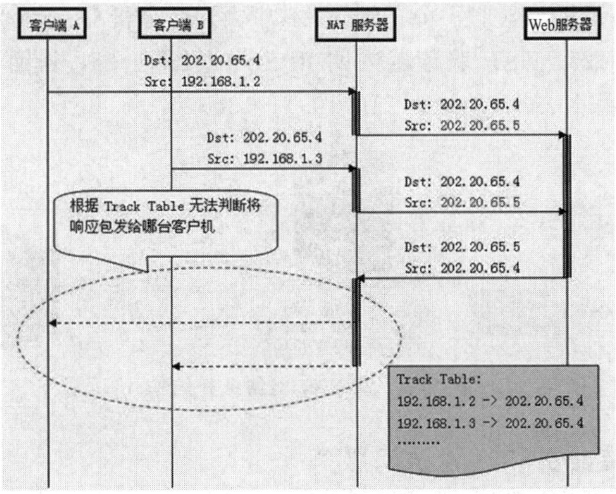

图 10-4　NAT 工作过程——端口转换 1

此时，NAT 服务器会在 Connection Track 中加入端口信息加以区分。如果两客户机访问同一服务器的源端口不同，那么在 Track Table 里加入端口信息即可区分；如果源端口正好相同，那么在实行 SNAT 和 DNAT 的同时对源端口也要做相应的转换，如图 10-5 所示。

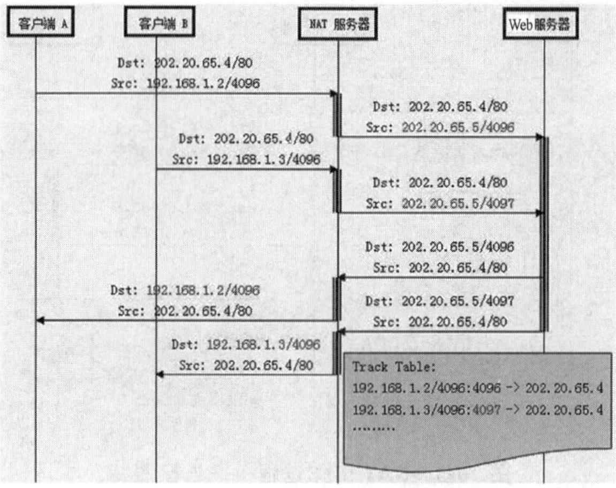

图 10-5 NAT 工作过程——端口转换 2

10.2 源 NAT

10.2.1 源 NAT 的配置过程

源 NAT 的网络拓扑结构如图 10-6 所示，其中内网计算机 IP 地址为 192.168.1.16，默认网关是 192.168.1.25；NAT 服务器内网 IP 为 192.168.1.25，外网 IP 为 210.10.11.7；Internet 中的 Web 服务器 IP 地址为 210.10.11.133。

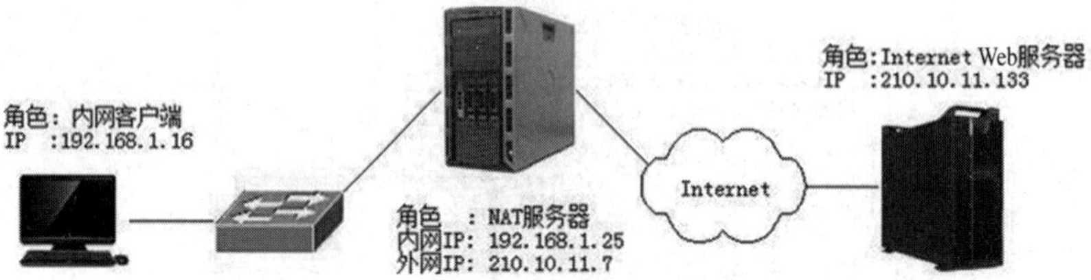

图 10-6 源 NAT 网络拓扑结构

10.2.2 安装路由和远程访问服务

(1)单击【开始】→【服务器管理器】→【管理】→【添加角色和功能】，打开如图 10-7 所示的【添加角色和功能向导】对话框，在【安装类型】选项卡中选择【基于角色或基于功能的安装】，单击【下一步】按钮。

(2)在【服务器选择】选项卡中选择本机，单击【下一步】按钮，在【服务器角色】选项卡中选择【远程访问】服务，如图 10-8 所示，再单击【下一步】按钮。

(3)在【选择功能】和【远程访问】选项卡中保持默认选项，单击【下一步】按钮，在【角色服务】选项卡中选择【DirectAccess 和 VPN(RAS)】和【路由】，如图 10-9 所示，再单击【下一步】按钮。

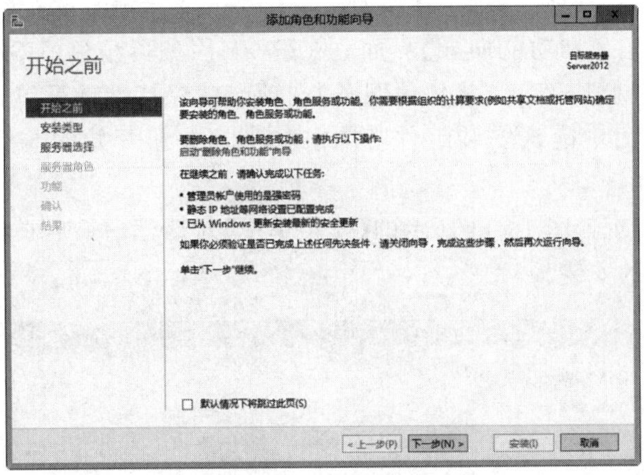

图 10-7 【添加角色和功能向导】对话框

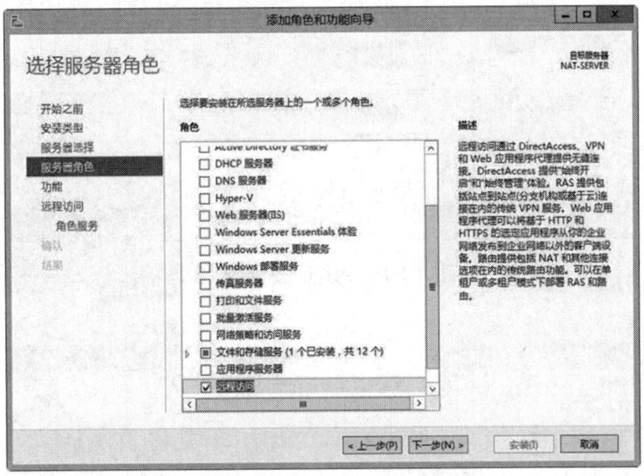

图 10-8 添加远程访问服务

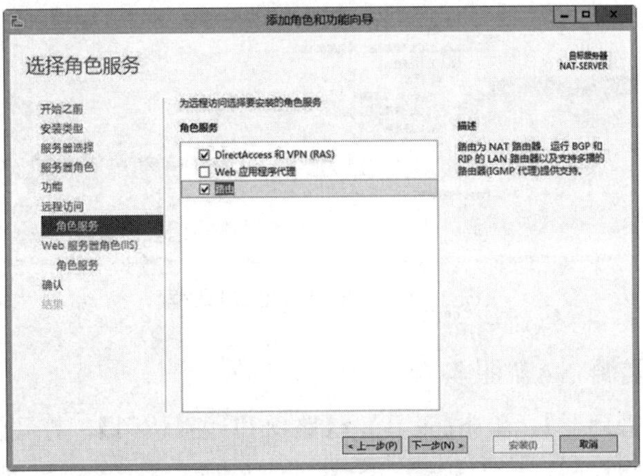

图 10-9 选择角色服务

(4)在【配套服务】选项卡中单击【添加功能】按钮，再单击【下一步】按钮。

(5)进入【添加角色和功能向导】界面，在【Web 服务器角色(IIS)】选项卡中保持默认配置，单击【下一步】按钮，在【角色服务】选项卡中保持默认配置，再单击【下一步】按钮，再【确认】界面中确认安装组件，单击【安装】按钮开始安装远程访问服务，如图 10-10 所示。

(6)安装完毕出现如图 10-11 所示的【安装进度】对话框，最后单击【关闭】按钮即可完成远程访问服务的安装。

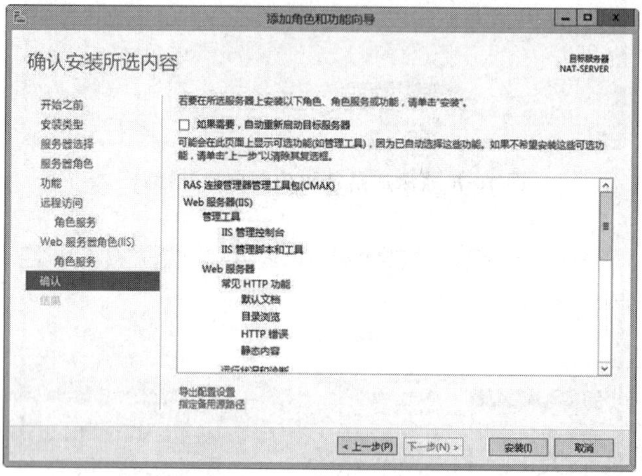

图 10-10　确认安装选择

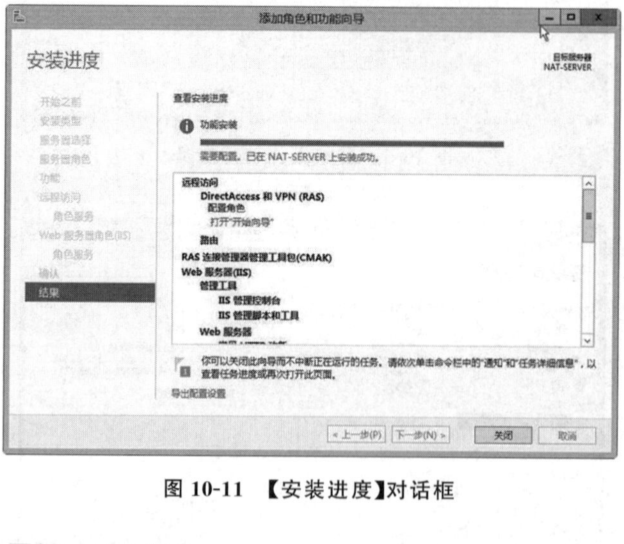

图 10-11　【安装进度】对话框

10.2.3　配置源 NAT 服务

(1)打开【服务管理器】，单击【工具】→【路由和远程访问】，打开【路由和远程访问】界面，右键单击左侧控制台中的【NAT-SERVER(本地)】，在弹出的菜单中选择【配置并启用路由和远程访问】，结果如图 10-12 所示。

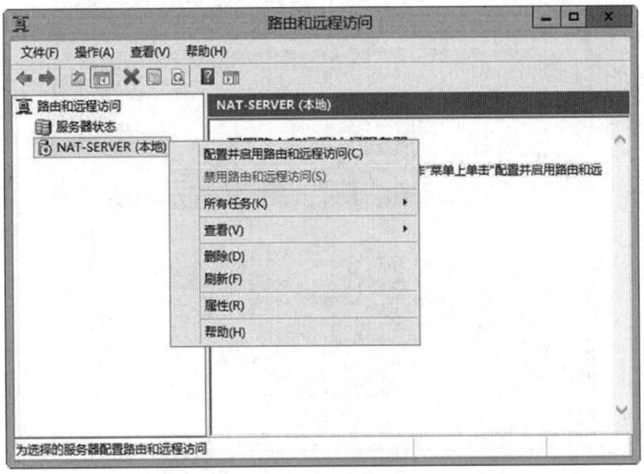

图 10-12 【路由和远程访问】界面

(2)在【路由和远程访问服务器安装向导】界面中，单击【下一步】按钮，选择【网络地址转换(NAT)】选项，如图 10-13 所示，再单击【下一步】按钮。

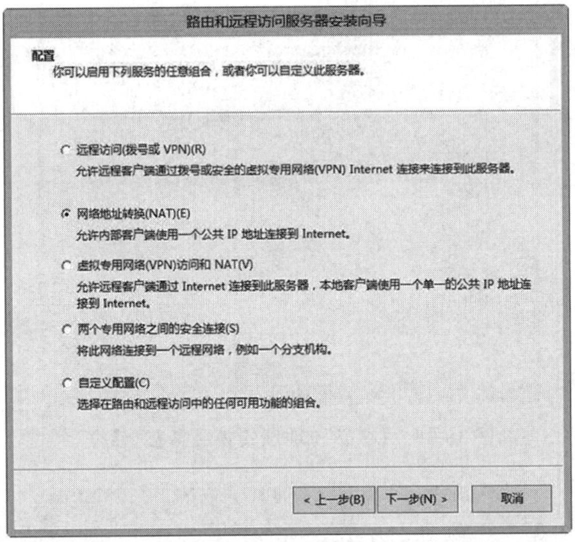

图 10-13 【路由和远程访问服务器安装向导】界面

(3)在【NAT Internet 连接】对话框中指定连接到 Internet 的网络接口，即 NAT 服务器连接到外部网络的网卡。选中【使用此公共接口连接到 Internet】单选按钮，并选择接口为【WAN】，如图 10-14 所示，单击【下一步】按钮。

(4)在【名称和地址转换服务】对话框中选择【启用基本的名称和地址服务】，如图 10-15 所示，单击【下一步】按钮。

(5)在【地址分配范围】对话框中，检查网络地址与网络掩码，结果如图 10-16 所示，无误后单击【下一步】按钮。

(6)单击【完成】按钮，完成 NAT 配置，如图 10-17 所示。

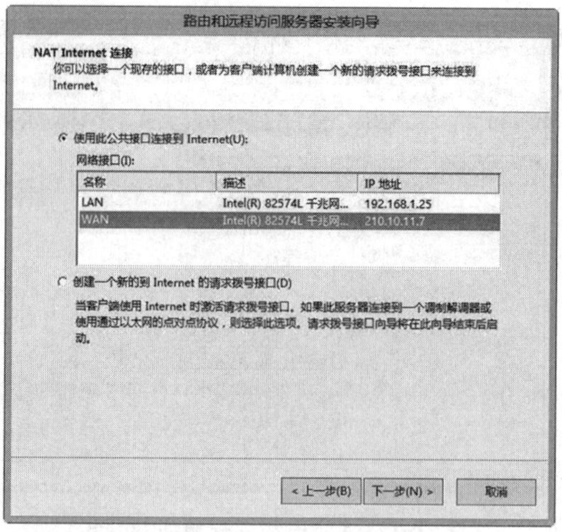

图 10-14 【NAT Internet 连接】对话框

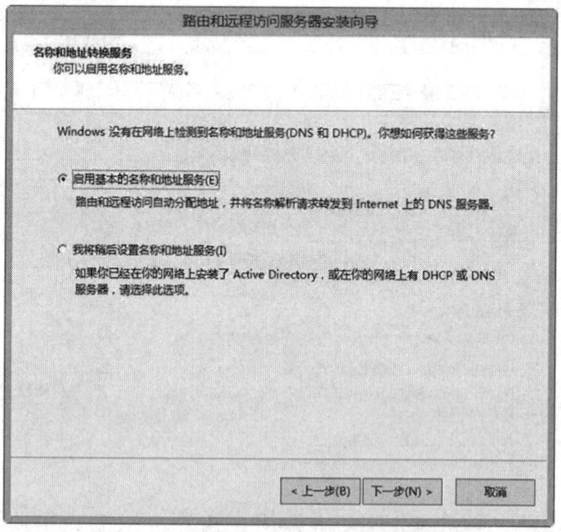

图 10-15 【名称和地址转换服务】对话框

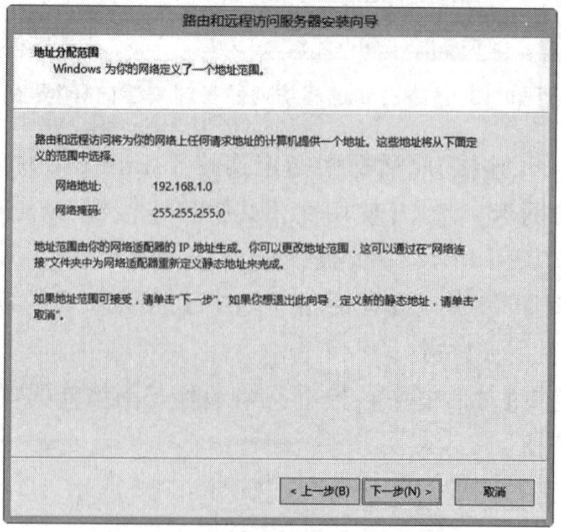

图 10-16 【地址分配范围】对话框

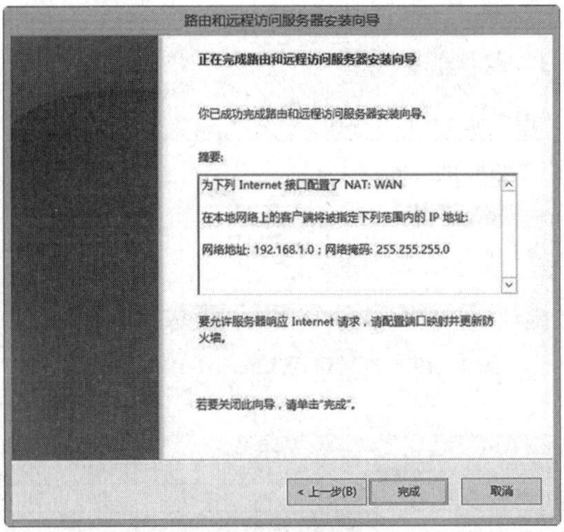

图 10-17　完成路由和远程访问服务器安装

10.2.4　源 NAT 客户端计算机配置和测试

配置 NAT 客户端计算机，并测试内部网络和外部网络计算机之间的连通性，具体步骤如下。

(1)设置内网计算机的 IP 地址为 192.168.1.16，默认网关的 IP 地址为 NAT 服务器的内网网卡(LAN)的 IP 地址，即 192.168.1.25。

(2)设置完成后在命令行中使用 ipconfig 命令测试其 IP 地址配置结果，再使用 ping 命令测试其与 Internet Web 服务器的连通性，测试结果如图 10-18 所示。

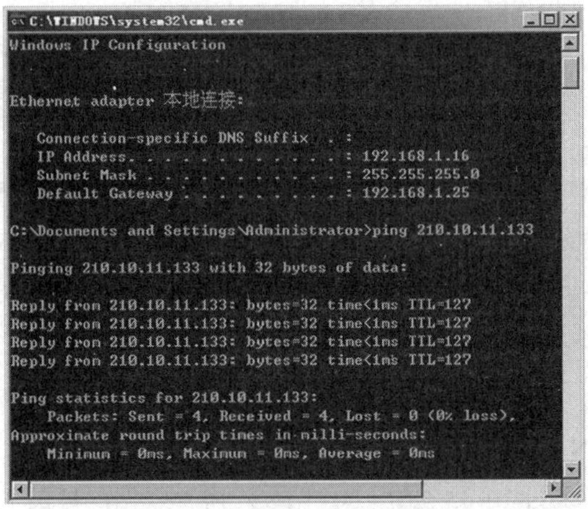

图 10-18　内网计算机 IP 信息

(3)在内网计算机的 IE 浏览器中输入"http://210.10.11.133"，访问 Internet Web 服务器，访问结果如图 10-19 所示。

(4)打开【路由和远程访问】对话框，依次单击【NAT-SERVER】→【Ipv4】→【NAT】，在右侧窗口中找到【WAN】，右键单击，在弹出的菜单中选择【显示映射】，如图 10-20 所示。

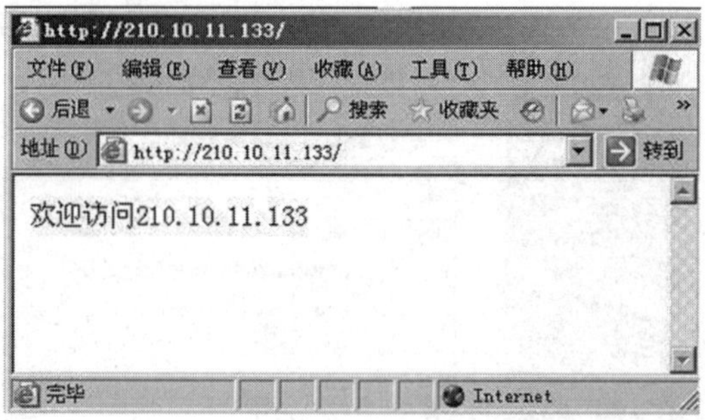

图 10-19 内网访问 Internet Web 服务器

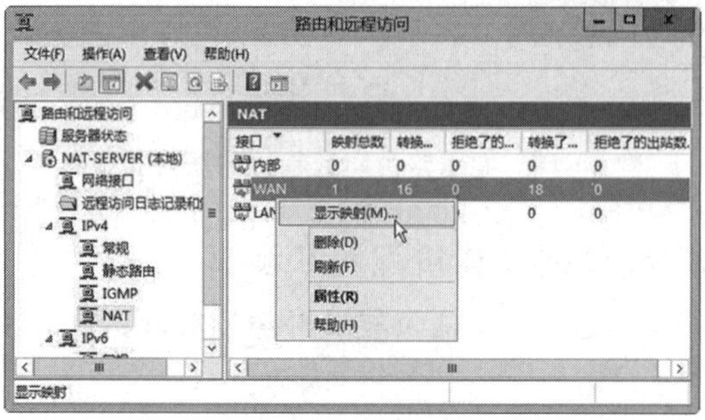

图 10-20 查看 NAT 服务器的映射信息

(5)图 10-21 所示为 NAT 服务器的网络地址转换会话映射表，可以看到内网计算机“192.168.1.16”连接到 Internet 中的“210.10.11.133”，NAT 服务器将 LAN 网卡 IP 地址“192.168.1.16”转换成了 WAN IP 地址“210.10.11.7”。

图 10-21 网络地址转换会话映射表

10.3 目的 NAT

10.3.1 目的 NAT 的配置过程

目的 NAT 的网络拓扑结构如图 10-22 所示，其中内网计算机 IP 地址为 192.168.1.17，默认网关是 192.168.1.25；NAT 服务器内网 IP 为 192.168.1.25，外网 IP 为 210.10.11.7；Internet 中的 Web 服务器 IP 地址为 210.10.11.134。

(1)打开【路由和远程访问】对话框，依次单击【NAT-SERVER】→【Ipv4】→【NAT】，在右侧窗口中找到【WAN】，右键单击，在弹出的菜单中选择【属性】，如图 10-23 所示。

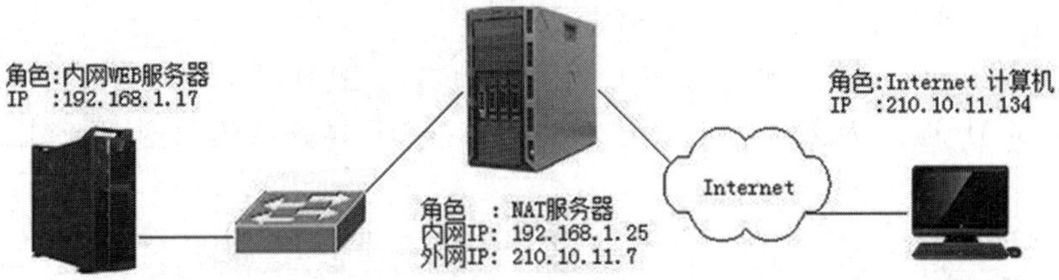

图 10-22　目的 NAT 的网络拓扑结构

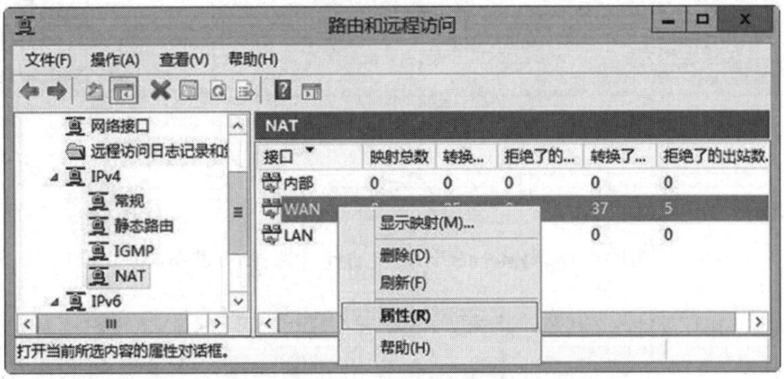

图 10-23　查看 NAT 服务器 WAN 接口属性

(2)在【外网属性】对话框中选择【服务和端口】选项卡，选择需要映射的【Web 服务器(HTTP)】，在弹出的【编辑服务】页面中输入内网 Web 服务器的 IP 地址“192.168.1.17”，单击【确定】按钮完成内网地址和端口的映射，如图 10-24 所示。

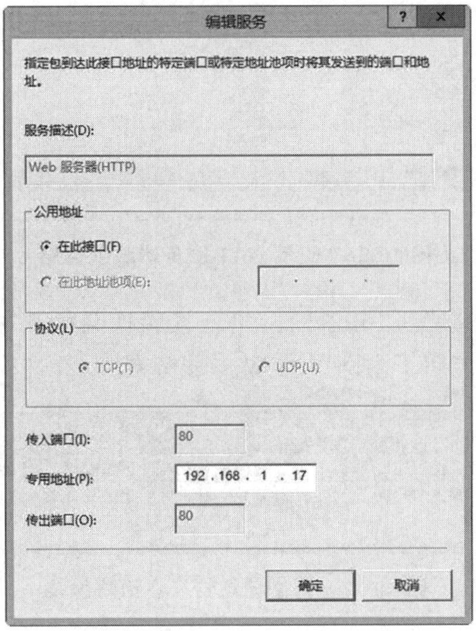

图 10-24　选择被映射的内网地址

10.3.2 NAT 客户端计算机配置和测试

(1)设置 Internet 网络中的计算机(外网计算机)的 IP 地址为 210.10.11.134，内网 Web 服务器的 IP 地址为 192.168.1.17，网关为 NAT 服务器的内网网卡(LAN)的 IP 地址，即 192.168.1.25。

(2)外网计算机设置完成后，在 IE 浏览器中输入“http://210.10.11.7”，访问内网 Web 服务器，访问结果如图 10-25 所示。

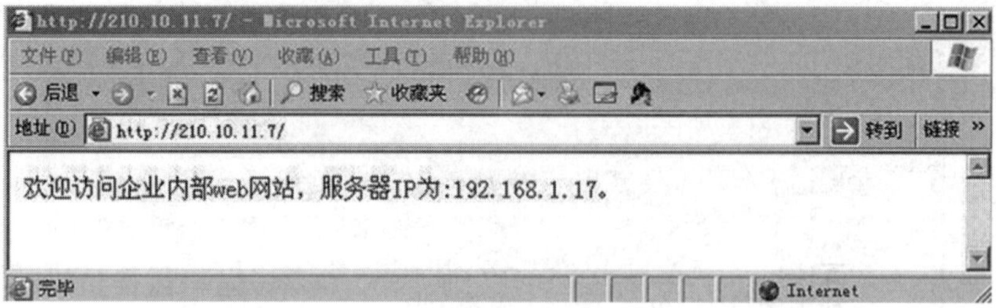

图 10-25 Internet 计算机访问内网 Web 服务器

(3)打开【路由和远程访问】对话框，依次单击【NAT-SERVER】→【Ipv4】→【NAT】，在右侧窗口中找到【WAN】，右键单击，在弹出的菜单中选择【显示映射】，如图 10-26 所示。

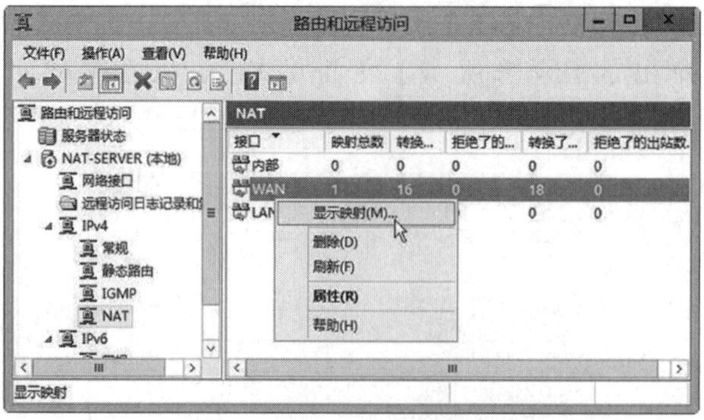

图 10-26 查看 NAT 服务器映射信息

(4)图 10-27 所示为 NAT 服务器的网络地址转换会话映射表，可以看到外网计算机“210.10.11.134”成功访问了内网中的 Web 服务器“192.168.1.17”。

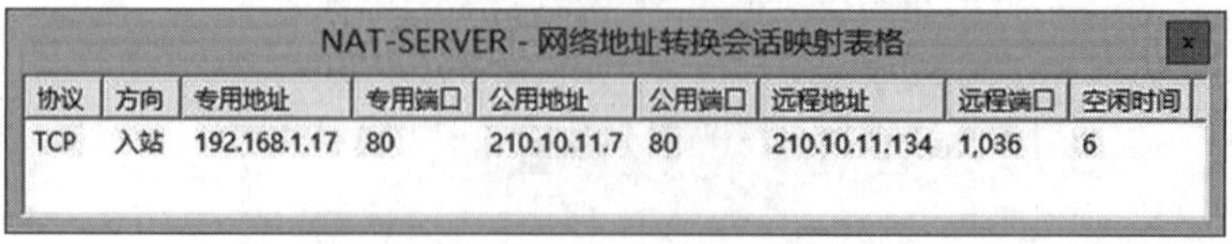

图 10-27 网络地址转换会话映射表

10.4 静态 NAT

10.4.1 静态 NAT 的配置过程

静态 NAT 的网络拓扑结构如图 10-28 所示，其中内网计算机 IP 地址为 192.168.1.18，默认网关是 192.168.1.25；内网 Web 服务器的 IP 地址为 192.168.1.17，NAT 服务器内网 IP 为 192.168.1.25，外网 IP 为 210.10.11.7～210.10.11.10(共 4 个外网 IP)；Internet 中的 Web 服务器 IP 地址为 210.10.11.135，Internet 计算机 IP 为 210.10.11.134。

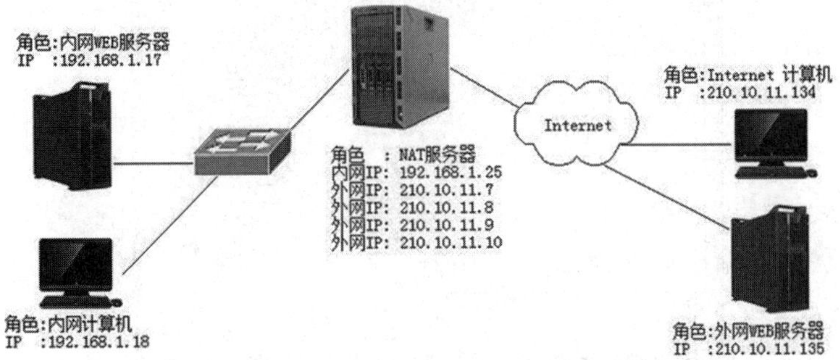

图 10-28 静态 NAT 的网络拓扑结构

(1)在 NAT 服务器的【网络管理】界面中，为【WAN】网络接口在原来基础上增加额外的 IP 地址，具体配置步骤请参考前面所学的“FTP 服务器的配置与管理”中的“使用多个不同 IP 地址创建 FTP 站点”。配置完成后的验证结果如图 10-29 所示。

图 10-29 NAT 服务器各网卡的 IP 地址信息

(2)打开【路由和远程访问】对话框，依次单击【NAT-SERVER】→【Ipv4】→【NAT】，在右侧窗口中找到【WAN】，右键单击，在弹出的菜单中选择【属性】，弹出如图 10-30 所示的【WAN 属性】界面。

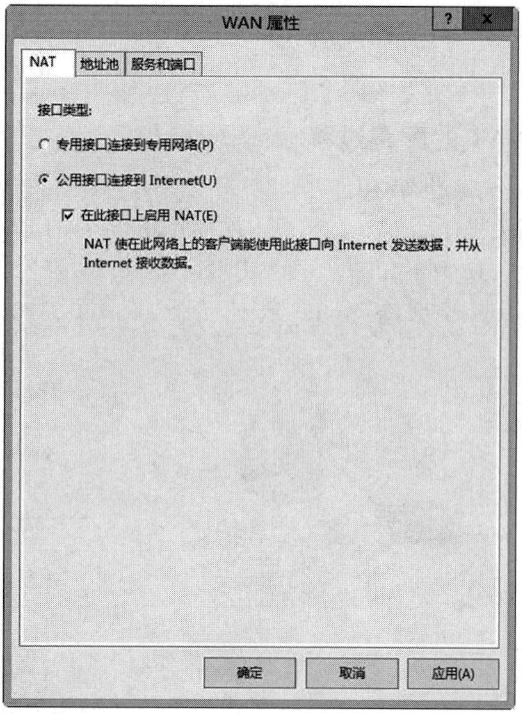

图 10-30　选择连接 Internet 的公共接口

(3)在【WAN 属性】对话框中选择【地址池】选项卡，单击【添加】按钮，在【添加地址池】对话框中输入地址范围，其中，起始地址为“210.10.11.7”，结束地址为“210.10.11.10”，单击【确定】按钮完成地址池的添加，如图 10-31 所示。

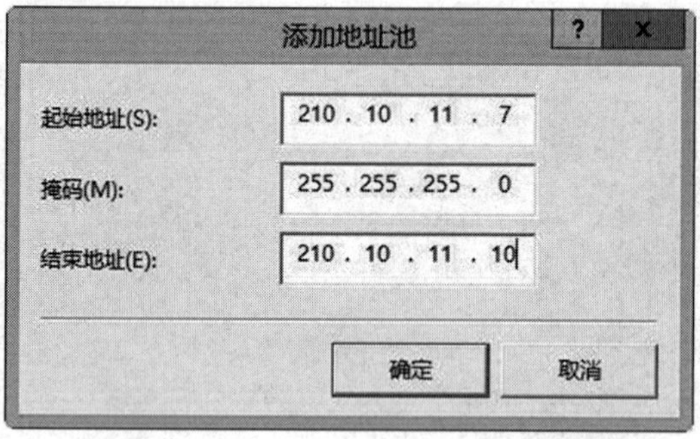

图 10-31　为 WAN 接口配置地址池

(4)在【WAN 属性】对话框中单击【保留】按钮，在【地址保留】对话框中单击【添加】按钮，在【保留此公用 IP 地址】栏中输入 WAN 网卡中的“210.10.11.10”，在【为专用网络上的计算机】地址栏中输入“192.168.1.17”，并选择【允许将会话传入到此地址】选项，单击【确定】按钮完成保留地址的添加，如图 10-32 所示。

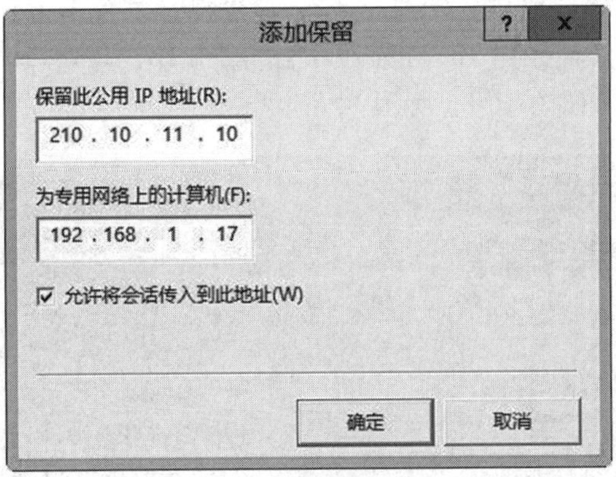

图 10-32　为内网服务器配置映射 IP

(5)连续两次单击【确定】按钮，依次返回到【地址保留】和【WAN 属性】对话框，完成静态 NAT 服务器端的配置。

10.4.2　静态 NAT 客户端计算机配置和测试

(1)设置 Internet 网络中的计算机(外网计算机)的 IP 地址为“210.10.11.134”，外网 Web 服务器的 IP 地址为“210.10.11.135”。分别设置两台内网计算机(其中一台用于访问外网，另一台做内网 Web 服务器)，IP 分别为“192.168.1.18”和“192.168.1.17”，二者的网关为 NAT 服务器的内网网卡(LAN)的 IP 地址，即“192.168.1.25”。

(2)外网计算机设置完成后，先使用 ping 命令测试其与 NAT 服务器外网网卡的连通性，再在 IE 浏览器中输入“http://210.10.11.10”，访问内网 Web 服务器，测试结果如图 10-33 所示。

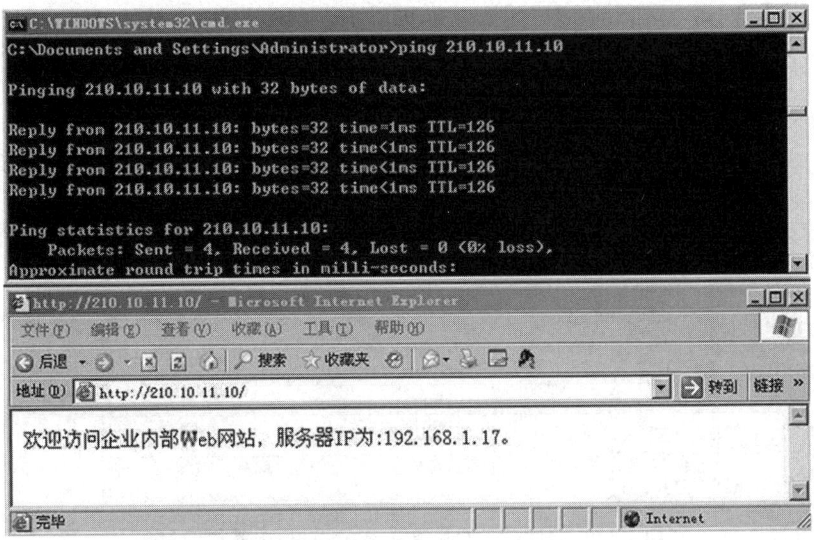

图 10-33　外网访问内网的测试结果

(3)内网计算机设置完成后，先使用 ping 命令测试其与 Internet 中两台计算机的连通性，如图 10-34 所示；再在 IE 浏览器中输入“http://210.10.11.135”，访问外网 Web 服务器，测试结果如图 10-35 所示。

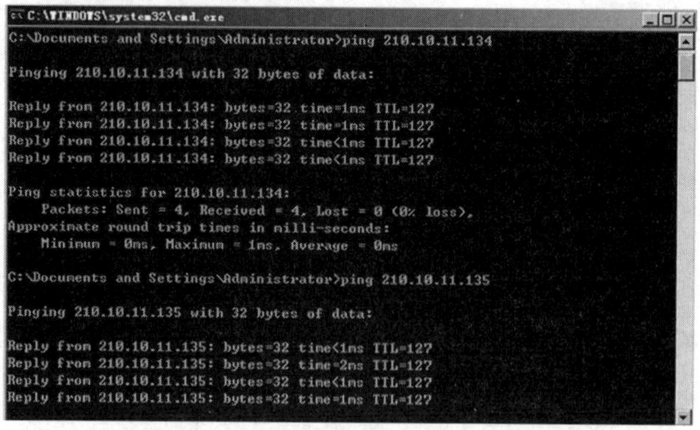

图 10-34　内网计算机测试与外网的连通性

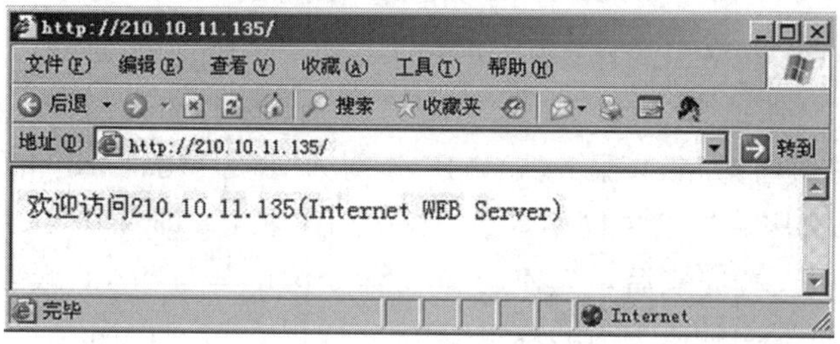

图 10-35　内网访问 Internet Web 服务器的测试结果

(4)打开【路由和远程访问】对话框，依次单击【NAT-SERVER】→【Ipv4】→【NAT】，在右侧窗口中找到【WAN】，右键单击，在弹出的菜单中选择【显示映射】，如图 10-36 所示。

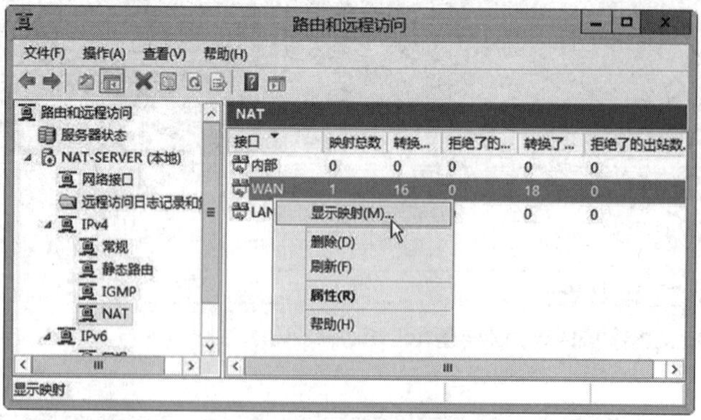

图 10-36　显示 NAT 服务器 WAN 接口的映射信息

(5)图 10-37 所示为 NAT 服务器的网络地址转换会话映射表，可以看到外网计算机“210.10.11.134”成功访问了内网中的 Web 服务器“192.168.1.17”，内网计算机

“192.168.1.18”成功访问了 Internet Web 服务器“210.10.11.135”。

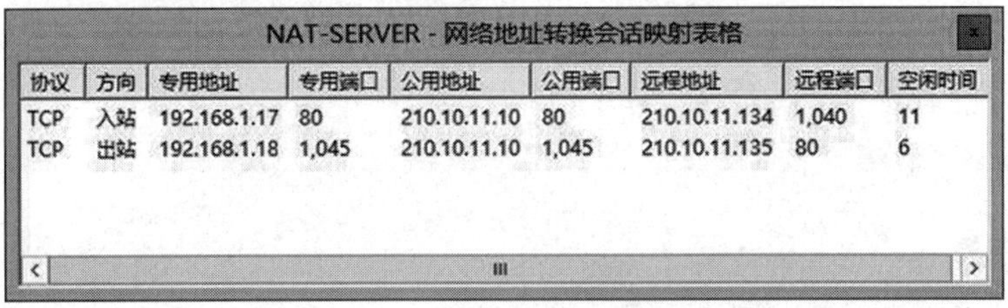
NAT-SERVER - 网络地址转换会话映射表格

协议	方向	专用地址	专用端口	公用地址	公用端口	远程地址	远程端口	空闲时间
TCP	入站	192.168.1.17	80	210.10.11.10	80	210.10.11.134	1,040	11
TCP	出站	192.168.1.18	1,045	210.10.11.10	1,045	210.10.11.135	80	6

图 10-37　网络地址转换会话映射表

第 11 章　虚拟专用网络服务

项目任务

某企业在总部部署了多种企业信息系统平台，目前该企业面临如下问题。

(1)其他分公司也希望引入相同的系统平台以提高各自的办公效率。

(2)各地区代理商、商业合作伙伴和外地出差人员要求随时通过互联网访问企业信息系统平台的相关资源。

那么，假如你作为网络管理者，该如何解决上述问题呢?

项目目标

- 了解远程访问技术。
- 了解 VPN 的工作流程。
- 掌握 VPN 服务器的安装与配置方法。

11.1　虚拟专用网络技术

虚拟专用网络(Virtual Private Network，VPN)的功能是：在公用网络上建立专用网络，进行加密通信。其在企业网络中有广泛应用，VPN 网关通过对数据包的加密和数据包目标地址的转换实现远程访问。VPN 可通过服务器、硬件、软件等多种方式实现。

11.1.1　远程访问连接简介

VPN 是一种以公用网络(如 Internet)为基础，综合运用隧道封装、认证、加密、访问控制等多种网络和安全技术，实现企业总部、分支机构、合作伙伴及远程和移动办公人员之间互联互通和资源共享的方法。

VPN 属于远程访问技术，简单地说就是利用公用网络架设专用网络。例如某公司员工出差到外地，他想访问企业内网的服务器资源，这种访问就属于远程访问。在传统的企业网络配置中，要进行远程访问，常用的方法是租用专线或帧中继，这样的联通方案必然导致高昂的通信费用和维护费用。对于移动用户(移动办公人员)与远端个人用户而言，一般会通过拨号线路(Internet)进入企业的局域网，但这样必然带来安全上的隐患。让外地员工访问到内网资源，利用 VPN 的解决方法就是在内网中架设一台 VPN 服务器。外地员工在当地连上互联网后，通过互联网连接 VPN 服务器，然后通过 VPN 服务器进入企业内网。为了保证数据安全，VPN 服务器和客户机之间的通联数据都进行了加密处理。有了数据加密，就可以认为数据是在一条专用的数据链路上进行安全传输，就如同专门架设了一个专用网络一样，但实际上 VPN 使用的是互联网上的公用链路，因此 VPN 称为虚拟专用网络，其实质上就是利用加密技术在公网上封装出一个数据通信隧道。VPN 的主要目标是建立一种灵活、低成本、可扩展的网络互连手段，以替代传统的专线连接和远程拨号连接。VPN 是通过公用网络在 VPN 客户端和 VPN 服务器之间建立的一种逻辑连接，通过对网络上传输的数据进行加密处理，保证了数据的安全性，如图 11-1 所示。有了 VPN 技术，用户无论是在外地出差还是在家中办公，只要能上互联网就能利用 VPN 访问内网资源。

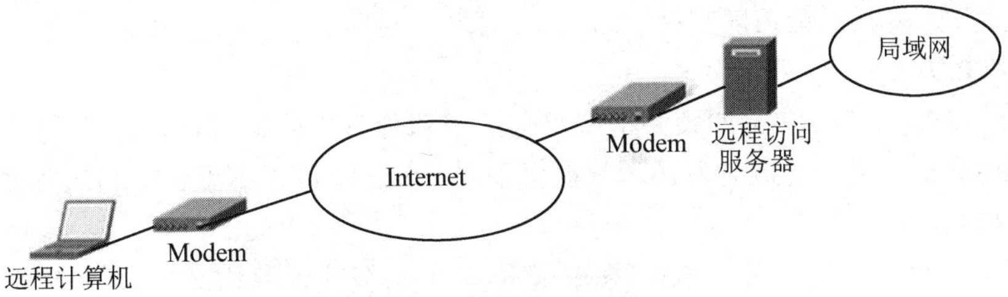

图 11-1　拨号远程访问

常用的 VPN 连接方式有两种：一种是远程访问 VPN 连接，如图 11-2 所示，主要用于远程或移动用户异地通过无线网络、ADSL 或局域网等方式接入互联网后，与企业 VPN 服务器连接，实现对企业内部网络资源与内部计算机地安全访问；另一种是点到点的 VPN 连接，如图 11-3 所示，两个局域网的 VPN 服务器都连接到互联网，并通过互联网 VPN 连接，实现两个网络间的安全通信，此时两地的用户感觉上好像位于同一个局域网内。

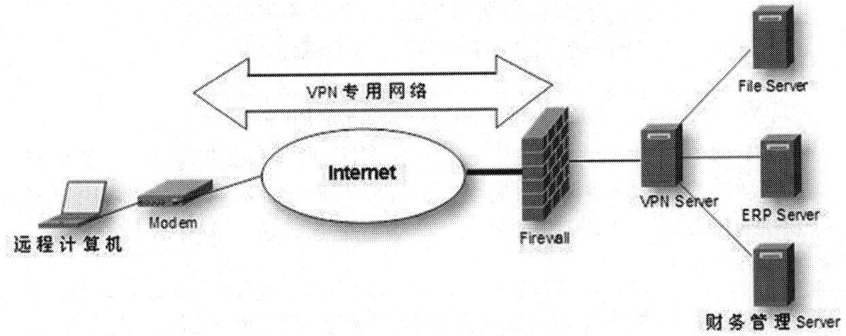

图 11-2　远程访问 VPN 连接

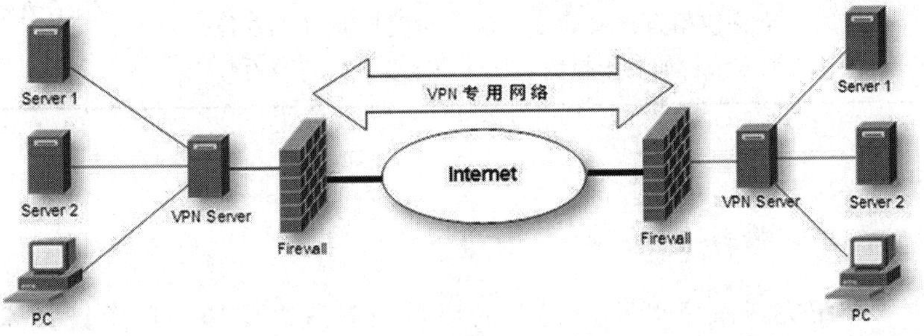

图 11-3　点到点的 VPN 连接

11.1.2 VPN 隧道协议

1. PPTP

PPTP(Point to Point Tunneling Protocol，点对点隧道协议)是 PPP(Point to Point Protocol，点对点协议)的扩展，并协调使用 PPP 的身份认证、数据加密，它支持在 IP 网络上建立多协议的 VPN 连接，是搭建 VPN 最常用的协议。其默认使用 MS-CHAP v2 对信息进行加密，加密方法采用 MPPE(Microsoft Point-to-Point Encryption，微软点对点加密)算法，密钥长度支持 128 位。

2. L2TP/IPSec

L2TP/IPSec 支持 IPSec 的预共享密钥与证书两种身份验证方法，建议采用证书验证方法，身份认证完成后，双方发送的数据可采用 IPSec ESP 和 3DES 或 AES 加密方法。

3. HTTPS

采用 HTTPS 协议，通过 SSL 来确保传输的安全性，只需要在防火墙中开放 443 端口即可。

11.1.3 远程访问身份验证方法

远程访问身份验证协议，如表 11-1 所示。

表 11-1 远程访问身份验证协议

协议	描述	安全级别
PAP	PAP(Password Authentication Protocol，密码身份验证协议)，使用明文(不加密)密码进行身份验证，是一种最简单的身份验证协议，如果客户端和 VPN 服务器不能协商更安全的验证形式，则一般默认采用 PAP 验证形式	最不安全的身份验证协议，密码容易被捕获，在实际应用中尽量不要使用该协议进行身份验证
CHAP	CHAP(Challenge Handshake Authentication Protocol，质询握手身份验证协议)是 PPP 协议中一种 MD5 质询响应方式的身份验证协议，通过该验证协议，Windows Server 2012 的远程访问服务器可以对运行非微软操作系统的远程访问客户端进行身份验证	不会在网络上直接发送用户密码，比 PAP 安全
MS-CHAP v2	是 MS-CHAP 的升级版，可以实现客户端与 VPN 服务器之间的双向认证功能	比 CHAP 更安全
EAP	EAP(Extensible Authentication Protocol，可扩展的身份验证协议)，允许使用自定义验证方法，相关厂商可以自行开发 EAP 验证方法，如利用指纹、视网膜来验证用户身份	提供了灵活的身份验证方案，安全性最高

11.2 VPN 服务的安装与配置

本节主要介绍完成本章开头所提及的项目任务所需要的一些关键技术，如安装 VPN 服务器的基本方法、VPN 服务器安装后的基本配置以及 VPN 客户端的访问测试。

11.2.1 架设 VPN 服务器的需求和环境

远程访问 VPN 连接案例如图 11-4 所示。

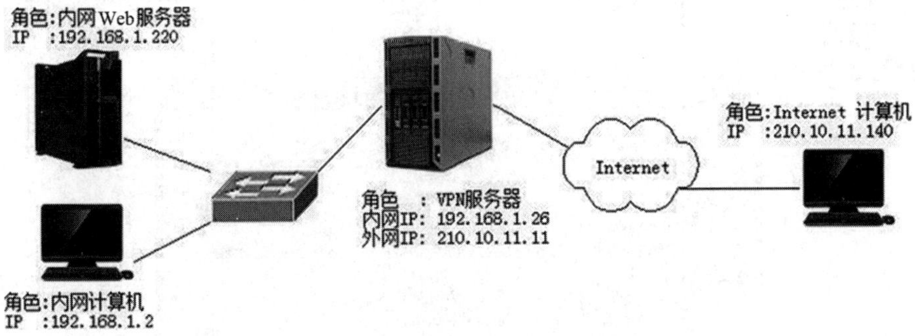

图 11-4 远程访问 VPN 连接案例

11.2.2 远程访问服务器的配置

(1)打开【服务器管理器】窗口，添加角色和功能。

(2)在【添加角色和功能向导】界面中，选择【基于角色或基于功能的安装】，单击【下一步】按钮，选择【从服务器池中选择服务器】，再单击【下一步】按钮。

(3)在【选择服务器角色】界面中，勾选【网络策略和访问服务】选项，如图 11-5 所示。

(4)在【添加网络策略和访问服务所需功能】对话框中，单击【添加功能】按钮，再单击【下一步】按钮，此处可以根据需求勾选组件，如无需求单击【下一步】按钮继续，显示网络策略和访问服务相关注意事项，继续单击【下一步】按钮，此时显示已经选择了【网络策略服务器】复选框。

(5)单击【下一步】→【安装】，待组件安装完成后，单击【关闭】按钮。

(6)参照上述的安装方法，完成【Web 服务器(IIS)】和【远程访问】的安装，在【添加角色和功能向导】的【角色服务】对话框中勾选【DirectAccess 和 VPN(RAS)】复选框，单击【下一步】→【安装】，待组件安装完成后，单击【关闭】按钮。

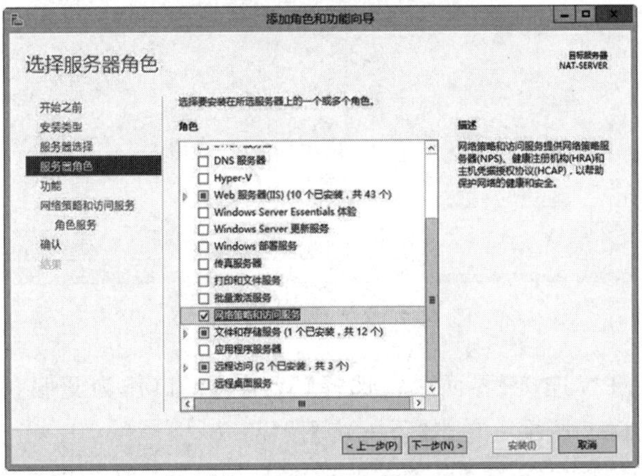

图 11-5 【选择服务器角色】对话框

(7)打开【服务器管理器】→【工具】→【路由和远程访问】→右键单击【NAT-SERVER】→【配置并启用路由和远程访问】，在【配置】界面中选择【远程访问(拨号或 VPN)】，如图 11-6 所示，单击【下一步】按钮，在远程访问配置界面中勾选【VPN】，如图 11-7 所示，再单击【下一步】按钮。

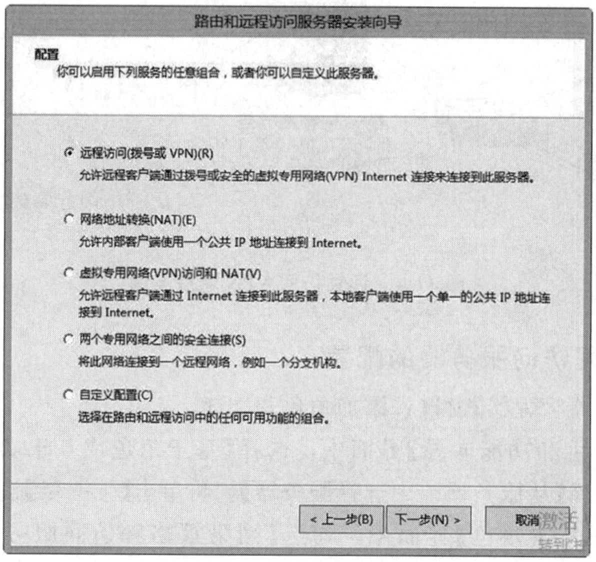

图 11-6 【配置】对话框

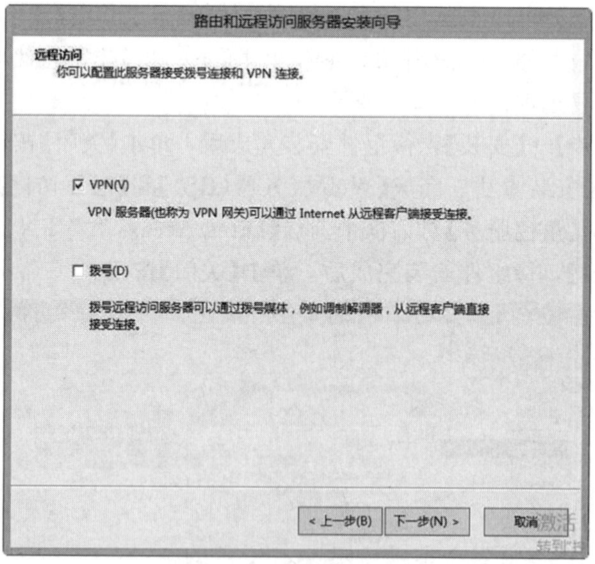

图 11-7 【远程访问】对话框

(8)在打开的【VPN 连接】界面中，选择【WAN】接口作为此服务器连接的 Internet 的网络接口，如图 11-8 所示，单击【下一步】按钮。

(9)在打开的【IP 地址分配】界面中，选择【自动】选项，此时将由当前服务器为 VPN 客户端自动分配 IP 地址，如图 11-9 所示，单击【下一步】按钮。

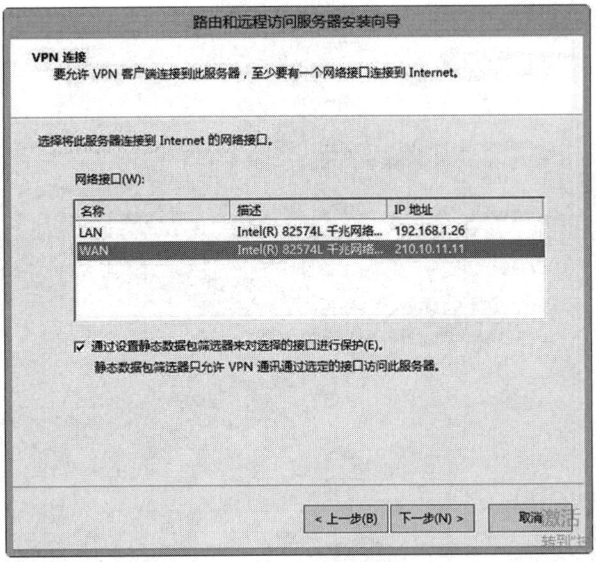

图 11-8 【VPN 连接】对话框

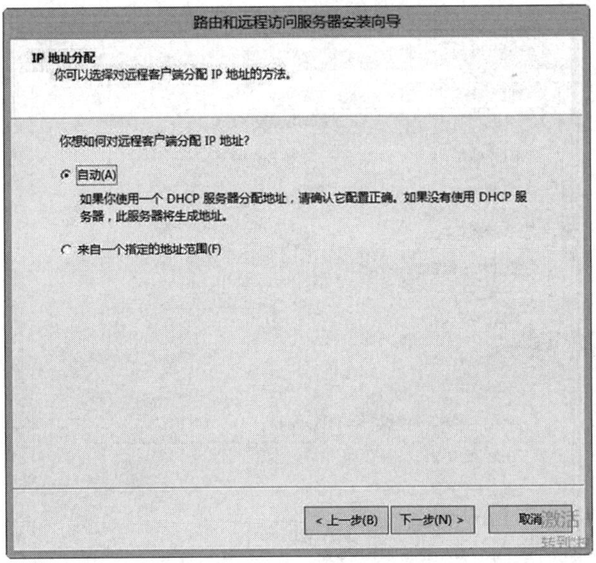

图 11-9 【IP 地址分配】对话框

(10)在【管理多个远程访问服务器】界面中，选择【否，使用路由和远程访问来对连接请求进行身份验证】选项，如图 11-10 所示，单击【下一步】→【完成】，结束 VPN 服务器的基本设置。

(11)在【vpn-user 属性】窗口中，选择【拨入】选项卡，如图 11-11 所示，勾选【允许访问】和【分配静态 IP 地址】复选框，单击【静态 IP 地址】按钮，给当前用户分配 IP 地址“192.168.1.200”。

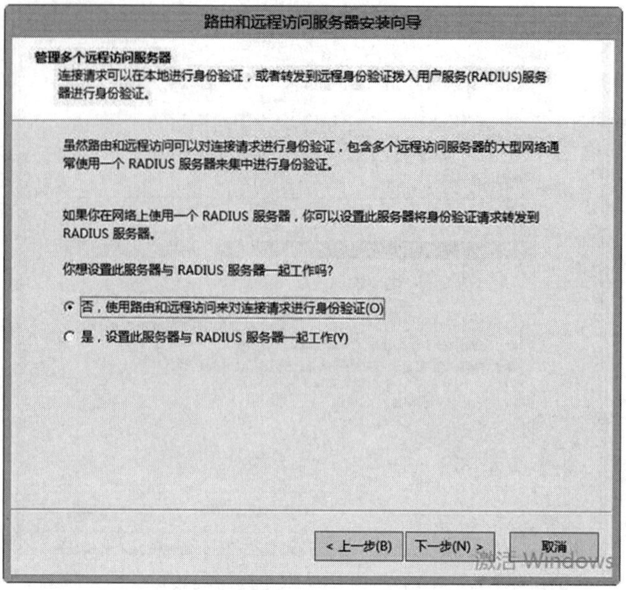

图 11-10 【管理多个远程访问服务器】对话框

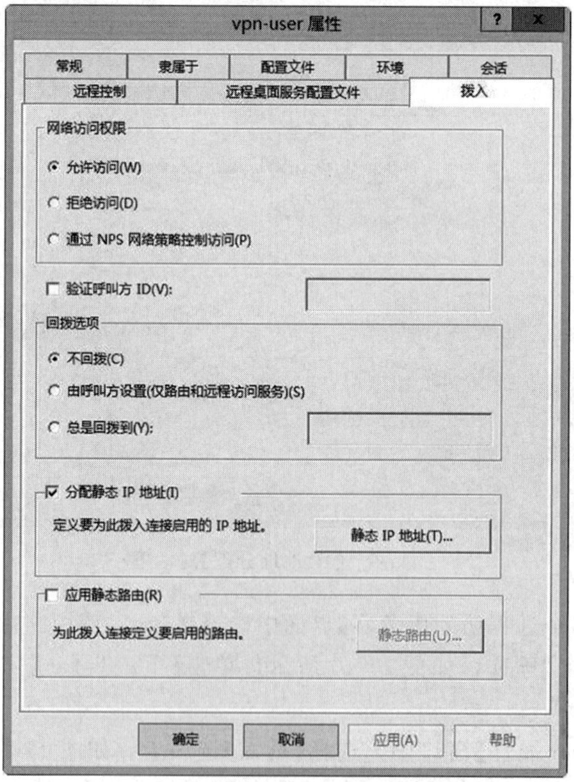

图 11-11 【vpn-user 属性】对话框

11.2.3 VPN 客户端测试

(1)单击【开始】→【设置】→【网络连接】→【新建连接向导】→【下一步】，在如图 11-12 所示的【网络连接类型】窗口中选择【连接到我的工作场所的网络】，单击【下一步】按钮。

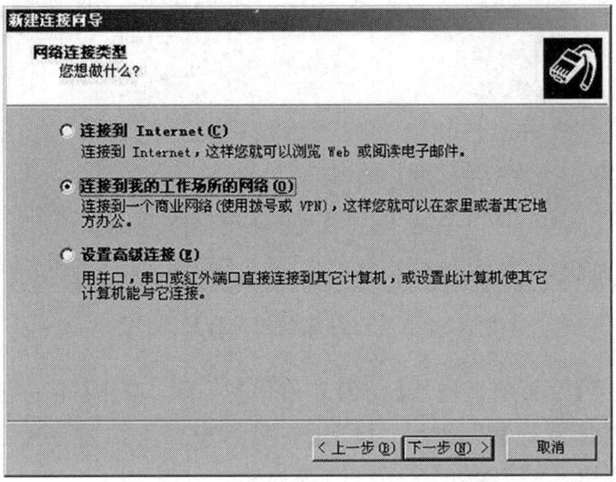

图 11-12 【网络连接类型】对话框

(2)在如图 11-13 所示的【网络连接】界面中，选择【虚拟专用网络连接】，单击【下一步】按钮。

(3)在【连接名】界面中，根据实际情况输入公司名称，单击【下一步】按钮。

(4)在【VPN 服务器选择】界面中，输入 VPN 服务器的 IP 地址“210.10.11.11”，如图 11-14 所示，单击【下一步】按钮。

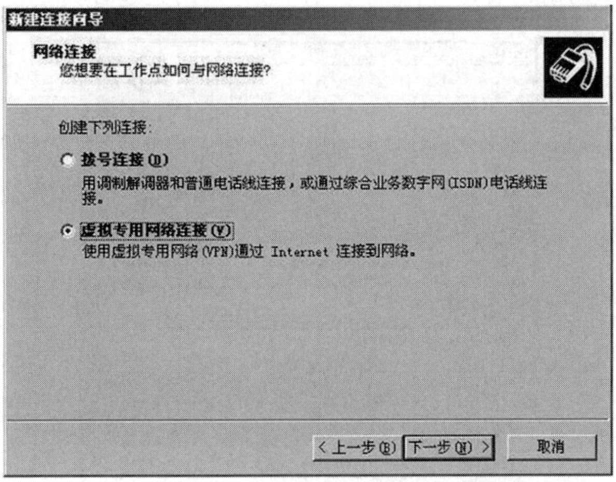

图 11-13 【网络连接】对话框

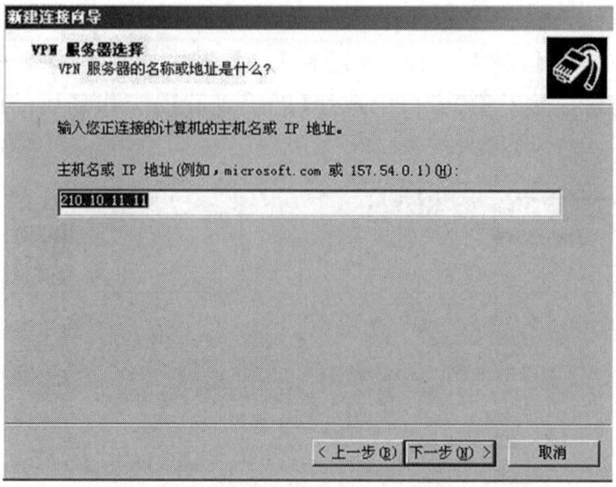

图 11-14 【VPN 服务器选择】对话框

(5)在【可用连接】界面中，勾选【任何人使用】选项，单击【下一步】按钮，在新弹出的【正在完成新建连接向导】界面中，勾选【在我的桌面上添加一个到此连接的快捷方式】，单击【完成】按钮，结束客户端网络连接的建立过程。

(6)在如图 11-15 所示的【连接 gdsspt】窗口中，输入用户名“vpn-user”及其密码，单击【连接】按钮。

(7)客户端连接 VPN 服务器成功后的结果如图 11-16 所示，在【虚拟专用网络】栏中可以看到，连接名称为“gdsspt”的虚拟网络状态为“已连接”。

(8)在 VPN 客户端使用 ipconfig 命令查询自身 IP 信息，结果如图 11-17 所示，当前计算机的本地连接 IP 地址为“210.10.11.140”，“PPP adapter gdsspt”的 IP 地址为“192.168.1.200”；使用 ping 命令测试与内网计算机的连通性为正常。

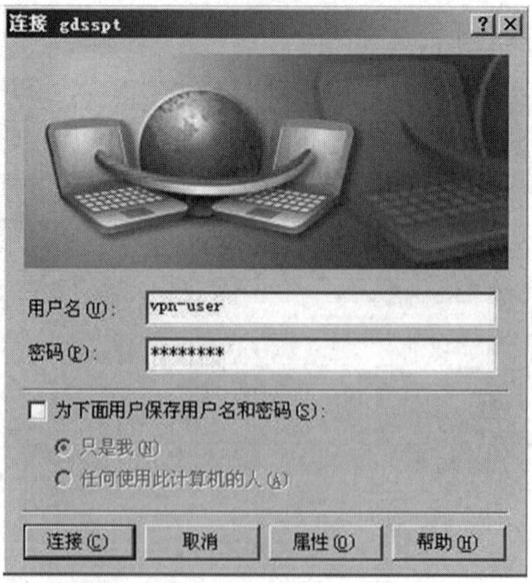

图 11-15 【连接 gdsspt】对话框

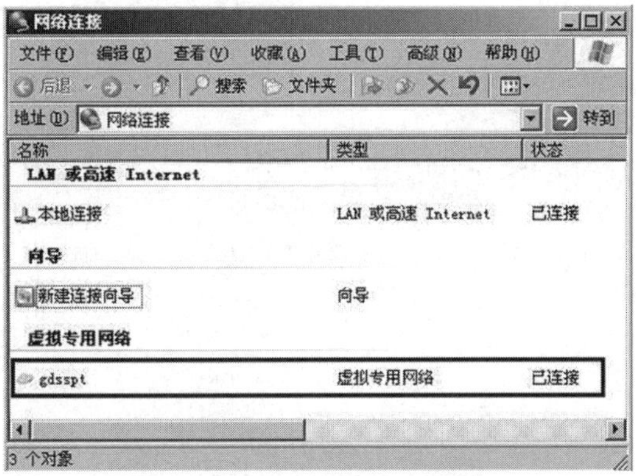

图 11-16 【网络连接】对话框

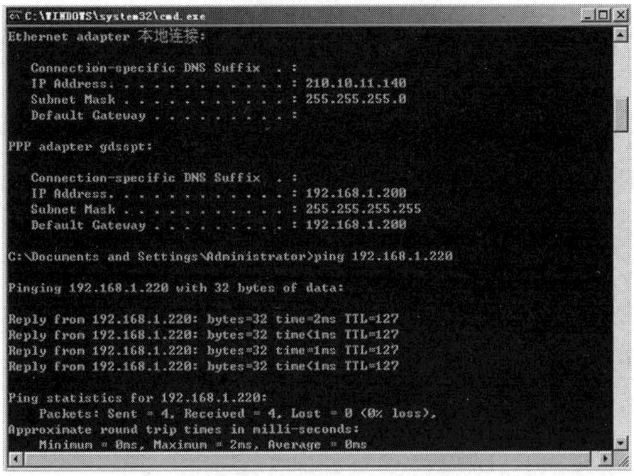

图 11-17 查询 IP 信息